日本生体医工学会監修

臨床工学シリーズ 20

電気・電子工学実習

慶應義塾大学名誉教授　工学博士
南　谷　晴　之著

コ　ロ　ナ　社

臨床工学シリーズ編集委員会

	元杏林大学教授	医学博士	伊藤　寛志
	東京女子医科大学名誉教授	医学博士	太田　和夫
	神奈川県立保健福祉大学教授	工学博士	小野　哲章
代表	上智大学名誉教授	工学博士	金井　　寛
	東京大学名誉教授	工学博士	斎藤　正男
	東京大学名誉教授	医学博士	都築　正和

（五十音順，2007 年 3 月現在）

序

近年の医療機器の高度な発達に伴い，これらの機器を安全・有効に活用するために工学技士が必要となり，臨床において多数の技士が働いている。昭和62年，関係各位の努力によりこれらの工学技士のために，臨床工学技士法が制定された。これに伴って，臨床工学技士の教育が差し迫った重要な問題になり，日本エム・イー学会† CE委員会が中心になり，日本医科器械学会，透析療法合同専門委員会の協力を得て，適正な教科書の早期発行を検討してきた。

臨床工学技士は将来の医療機器の発展に対応できるよう，臨床における工学的問題に広く対処できる能力を持つことが必要とされている。このためには工学的基礎を体系的に理解することがきわめて重要であるが，同時に医学の基礎知識を修得しなければならない。3年という短い養成期間に工学と医学双方の基礎を理解させるよう教育することはたいへん困難で，従来の工学教育および医学教育を縮めるだけではとても不可能である。そこで臨床工学的視点に立った工学および医学の教育が必要となる。しかしこれまでこのような観点からの教科書はまったくなかった。

本シリーズはこのような状況を踏まえ，臨床工学技士の学校教育にはもちろん，臨床工学を体系的に学びたい医療関係者のニーズにも十分応えられるよう企画したものである。

1990年1月

「臨床工学シリーズ」編集委員会
代表　金井　寛

† 2005年4月，「日本エム・イー学会」は「日本生体医工学会」に名称変更になりました。

まえがき

本書は臨床工学技士教育のための教科書，その中でも特に重要な電気・電子工学実習を行う際に使用する実習指導書として書かれたものである。近年の医療機器は，電気，電子，通信，情報工学などの基礎知識なくしては理解困難な部分が多くなっている。工学技術を学ぶには単に講義を聞いて理論を知るだけでなく，実習を通して現実の物に触れる経験を積み重ねることが大切であり，また，技術の習得とともに実習によって原理や理論を理解することも重要である。本書の読者の多くは，臨床工学専門の技術をもって病院や介護施設で働いたり，研究機関で研究に従事したり，工学の知識を身に付けて産業界で活躍を目指す人たちであろう。そのような現場では，いろいろな電子装置や電気機器を使用したり，必要に応じて保守や点検をしたり，修理したりすることが多い。また，新しい装置や機器を設計したり，作製する機会も多くなる。実際に物を取り扱う段になってはじめて理論だけを勉強しただけでは役に立たないことに気付き，実験や実習を行っておくべきであったと思うに違いない。

実習の目的は，専門の教科書や参考書を読んだり，講義で教わることを装置や機材を使って実体験し，物理現象や使用機器の原理や理論を明らかにし，十分に理解することである。また，実習を通して装置や機器に関する原理・理論を知り，さらに使用方法に習熟し，工学技術を習得することである。学んだ理論を実習によって十分に理解していれば，現場で解決すべき問題に直面したとき，どのような対策をとればよいか，装置や機器をどう取り扱えばよいかということで困ることはない。特にヒトの生命にかかわる装置や機器を操作したり，保守に携わる医療技術者にとっては，装置や機器の原理と取扱いを正確に習得することが最も大切なことである。

本書では，第Ⅰ部（1章～2章）で実習に関する基礎事項として，実習の目的，実習を行う際の注意事項，データのまとめ方，グラフの書き方，報告書の作成法，単位系の取扱い，測定誤差と精度の取扱いなどを説明している。

第II部（3章～18章）では，実習テーマと内容を各章ごとに詳細に説明している。おもなものを列記すると，ディジタルマルチメータやテスタの使い方，オシロスコープの使い方，抵抗のカラーコードの見方，オームの法則とキルヒホッフの法則の理解，実効値の扱い方，電流，電圧，抵抗の測定法，ホイートストンブリッジによる抵抗とセンサ特性の測定法，*RC* 回路の過渡応答と微分・積分特性の測定法，回路の周波数特性と位相特性の理解，時定数と遮断周波数の関係，デシベル単位の表し方，*RLC* 回路の共振特性の測定法，交流回路とインピーダンスの理解，ダイオードの整流特性の測定法，p形およびn形半導体の基礎特性の理解，トランジスタと電界効果トランジスタの静特性の測定法，エミッタ接地増幅回路とソース接地増幅回路の増幅特性の測定法，演算増幅器（オペアンプ）の使用法，CMRRの理解，演算増幅器を用いた加算，積分，微分回路の基礎特性の測定法，*LC* フィルタと *RC* アクティブフィルタの周波数特性の測定法，*LC* 発振回路と水晶発振回路の発振特性の測定法，クリッパ，スライサ，リミッタ，シュミット回路などの波形成形特性の測定法，各種マルチバイブレータの動作特性の測定法，各種ディジタル論理回路の動作特性の測定法などである。

以上のように，本書は臨床工学技士教育における電気・電子工学実習を念頭に書かれたものであるが，広く医療技術，医用工学関係はもちろん電気，電子，通信，情報工学などの理工系学科や専門学校の実験・実習指導書としても十分に活用できるものと思われる。説明が不十分であったり，記述が不適当な部分があると思われるのでご指摘，ご教示いただければ幸いである。

2001年3月

南谷晴之

目　　　次

第Ⅰ部　実習に関する基礎事項

1　実習法の概要

2　基　礎　知　識

第Ⅱ部　電気・電子工学実習

3　電流，電圧，抵抗の測定(Ⅰ)

―オームの法則とディジタルマルチメータの使い方―

4　電流，電圧，抵抗の測定(Ⅱ)

―キルヒホッフの法則と分流器，倍率器の使い方―

5　ホイートストンブリッジによる抵抗とセンサ特性の測定

6　オシロスコープの使い方と電気信号の観測

7　*RC* 回路の過渡応答と微分・積分特性の測定

8.　*RLC* 回路の共振現象と直列共振特性の測定

9　ダイオードの整流特性の測定

10　トランジスタの静特性と増幅特性の測定

11　電界効果トランジスタの静特性と増幅特性の測定

12　演算増幅器と増幅回路の基礎特性の測定

13　演算増幅器を用いた加算回路，積分回路，微分回路の構成と回路特性の測定

14　フィルタの周波数特性の測定

15　発振回路の発振特性の測定

16　非線形素子を用いた波形成形回路の動作特性の測定

17　マルチバイブレータの動作特性の測定

18　ディジタル論理回路の動作特性の測定

第Ⅰ部　実習に関する基礎事項

1　実習法の概要

1.1　実 習 の 目 的

本書の読者の多くは工学の知識を身に付けて産業界での活躍を目指したり，専門の技術をもって病院や介護施設で働いたり，研究機関で研究に従事したりする人たちであろう。そのような現場では，いろいろな電子装置や電気機器を使用したり，必要に応じて保守・点検したり，修理したりすることが多い。また，新しい装置や機器を設計したり，作製する機会も多くなる。実際に物を取り扱う段になってはじめて，理論だけを勉強しただけでは役に立たないことに気付き，実験や実習を行っておくべきであったと思うに違いない。工学・技術を学ぶには単に講義を聞いて理論を知るだけでなく，実習を通して現実の物に触れる経験を積み重ねることが大切であり，技術の習得とともに実習によって原理や理論を理解することも重要である。

1.1.1　物理現象や工学・技術の原理と理論の実証

実習の第一の目的は，専門の教科書や参考書を読んだり講義で教わることを装置や機材を使って実体験し，物理現象や使用機器の原理や理論を明らかにし，十分に理解することである。

1.1.2 装置や機器の理解とその使用方法・測定法の習得

第二の目的は，実習を通して装置や機器に関する原理・理論を知り，さらに使用方法に習熟し，工学技術を習得することである。学んだ理論を実習によって十分に理解していれば，現場で解決すべき問題に遭遇したとき，方法をどうすればよいか，装置や機器をどう取り扱えばよいかということで困ることはない。特に人の生命に関係する装置や機器を操作したり，保守に携わる医療技術者にとっては，装置や機器の原理と取扱いを正確に習得することが最も大切なことである。

1.1.3 実習対象の測定法と測定量の取扱いの習得

実習を行うにあたり，まず実習対象の何をどのように測定したらよいかを考えるが，対象に適した測定法と測定装置の選択，そして測定条件の設定が必要である。つぎに測定をどのような手順で行い，実習結果としての測定量をどのように取り扱えばよいかを習得しなければならない。実習を行うと多くの場合，測定方法が適切でなかったり，装置の取扱いに慣れていなかったり，間違った配線をしたりして予想と違った結果を得ることがある。また，理論は一部単純化して考えられていたり，仮定を含んでいるので理論と実習結果が食い違うこともある。しかし，適切な方法と装置を使用し，実習条件が同じであれば，実習する人に関係なく同じように所望の結果が得られるはずであり，実習から得られる結果の再現性を知ることができる。予想に反して異なった結果が得られた場合でも，その原因をいろいろな角度から分析・検討して，“なぜ”なのかを考察することが大切である。そして，間違ったことに対して何らかの対策が講じられるようになることも一人前の技術者として必要なことである。

1.1.4 測定データの整理の仕方と報告書の作成の習得

実習を終えたら，定められた書式に従ってできるだけ早く報告書を作成し，指定期日までに提出しなければならない。報告書は起承転結を明確にして，不必要に冗長にならないように心がけるべきである。詳しくは後で述べるが，得られた結果を正確に表現し，誰にでもわかりやすいように書くことは実習における大切な要件である。簡潔でわかりやすい報告書を作成するのも実習の大きな目的の一つである。

1.1.5 実習を通して協調性を養う

実習は装置や器材の数量の関係で，1人でやることはなく班別に2人または数人と協力して行う。したがって，実習の準備から始まり，本実験，データ取り，データの整理，レポート作成など，役割の分担を公平に行うとともに，適宜交代して共同実習者全員が実習内容の理解を図るよう心がけなければならない。将来，多くの人と協力して業務を行うためには協力の精神を養うことが大切であり，実習を通してつねに共同実習者との協調性を心がけるべきである。

1.2 実習実施に関する一般的注意事項

① 実習に理由もなく無断で欠席し共同実験者に迷惑をかけることは，厳に戒めなければならない。やむを得ない欠席により実施できなかった場合は，後日補習などの方法で必ず実施する。

② 実習に支障をきたさないように整理整頓を行い，実習台上に不要なものを置かない。

③ 実習を行う前に，指導書をよく読み，内容を理解し，注意事項を守って確実に実施する。

④ 実習中に計測器や実験装置を破損したり，事故を生じた場合は，必ず実習指導者に連絡し，その指示に従って事故処理を行う。絶対にそのままにしておかない。

⑤ 実習を終了した場合は，使用した器具などを整理整頓し，実習指導者に連絡のうえ，その指示に従って退出する。

⑥ 報告書は，実習終了後，所定の期日までに所定の事項を書いて提出する。

1.3　実習を行う際の注意事項

① その日行う実習について，実習課題，目的，原理と方法，使用する実験装置・計測器などについて十分予習し，実験計画を立て，予習事項を実習ノートにまとめておく。

② 実習中の記録をなくさないよう専用のノートを用意する。あり合わせの紙片やレポート用紙などで間に合わせない。実習ノートには実験題目，日時，天候，共同実験者氏名，使用する実験装置・計測器の種類・型番号などを記録する。

③ 電子卓上計算機とセクションペーパーを用意し，実習の合間に計算したり，グラフを描いて，結果にミスがないかどうかをチェックする。

④ 実習の日時，天候，室温，必要があれば湿度，気圧などを記録する。

⑤ 実習課題の実習項目に従って，必要な計測装置，付属器具，試料を用意する。

⑥ 実験がしやすく，回路のチェックが容易にできるように計測装置，付属器具，試料を配置する。回路図に従い，回路の配線を行う。配線はできるだけ短く，交差しないようにする。

⑦ 電源や計測装置（指示計器）の極性を確認し，電圧，電流の極性が逆にならないように接続する。また，実習開始前に電源のスイッチは入っていない（オフ）状態にしておく。

⑧ 配線が終了したら，誤配線や配線のゆるみがないかどうかを点検する。

⑨ 可動コイル形電流計，電圧計などアナログ式の指示計器を使用する場合には，実習開始前に必ず指示計器の零点調整を行う。

⑩ 測定される電圧や電流がどの程度かを理論的に推定しておき，指示計器や計測装置のレンジを設定する。

⑪ ディジタル式の計測装置の表示値やアナログ式指示計器の振れに十分注意しながら，電源スイッチを入れて通電を行う。異常が生じたらただちに通電を中止し，回路を点検する。

⑫　異常がなければ電圧，電流値などを調整して予備実験を試みる。この場合，データを取る必要はないが，本実験の測定値のだいたいの目安を立てる。

⑬　計器の種類，番号，レンジ，測定者をノートに記録しておく。

⑭　予備実験に基づいて測定値の目安を立て，本実験では回路を精密に調整してデータを取る。できれば同一測定を 3 ～ 5 回繰り返し行う。

⑮　アナログ式の計器の目盛を読むときは，目盛の 10 分の 1 まで読むよう心がける。

⑯　読み取るデータの有効数字をよく考え，有効数字の桁数を揃えるなど誤差の伝搬に注意する。

⑰　測定データからグラフを描いたり，結果を試算して，データの良否や不足がないかどうかを判断する。実験に不具合がある場合，ただちに再実験を行う。

⑱　実験を終了したら，まず電源のスイッチを切り，続いて配線をはずし，使用した計測器，付属器具および試料を整理する。

1.4　データの整理と報告書の作成に関する注意事項

①　実習を終えたら，結果はできるだけ早くまとめて定められた書式に従って報告書を作成する。報告書は不必要に冗長にならないように簡潔でわかりやすくまとめ，かつ得られた結果を正確に表現する。いつまでも放置しておくと，まとめにくくなるので注意しなければならない。

②　実験結果の整理とまとめをつぎのように行う。多くの測定値は計算あるいは表・グラフ表示によって整理する。

（a）　表の作成については測定量の種類，単位を明示するとともに実験を行った際の条件を適宜併記する。

（b）　結果を整理する際，有効数字の桁数の最小のものを計算中を通じて有効数字とする。有効数字は普通 3 桁までで十分であるが，桁数が大きい場合には，1.23×10^3 のように表現する。小数点以下は 2 桁まで表示すればよい。

（c） グラフの作成は測定量の種類や測定範囲，実験式の作成などに対応して均等目盛方眼紙，片対数目盛方眼紙，両対数目盛方眼紙，円グラフなどを使用する。

（d） 普通，横軸に独立変数を，縦軸に従属変数を取り，そのおのおのに量の種類，単位および数値目盛りを記入し，座標軸の原点が零から始まるか否かを明示する。

（e） グラフの下側にグラフの内容を表す表題を明記する。また，グラフの下側あるいはグラフ中の余白部分に実験条件や試料の種類などを書いておくとよい。

（f） **図 1.1** に示すように曲線の主要部分がほぼ 45° になるように各軸の目盛りを取る。また，データのプロットは大きめにはっきりと示す。図（b），（c）のようなグラフは見にくいので注意する。

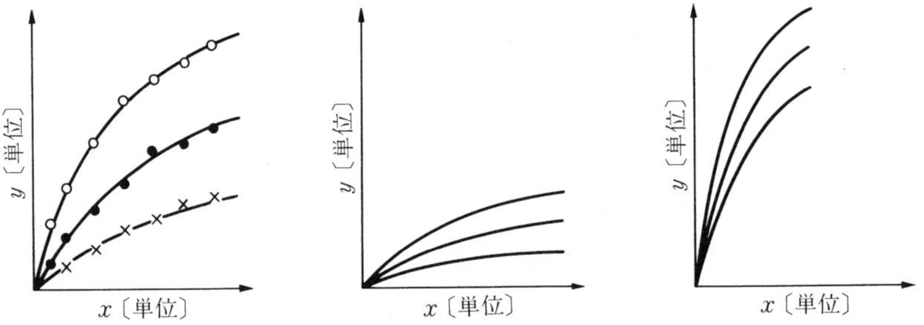

（a） よい例　（b） 悪い例　（c） 悪い例

図 1.1　グラフの書き方

（g） 1枚のグラフに関係のある曲線を描く場合，プロットするデータ点を○，◎，□，△，×などの異なる記号で表示したり，実線，点線，鎖線，色線などで区別する。

（h） 同じグラフに実測値とともに理論曲線を描く場合，理論値の点表示は不用である。

③　実測値から実験式を導く場合，最小二乗法やミニマックス法を利用して

多項式で表すこともあるが，グラフの特徴からつぎの近似的な実験式で表すことが多い。

（a）　$Y=a+bX$　：均等目盛方眼紙を用いると直線となる。

（b）　$Y=a\cdot\exp(bX)$　：片対数目盛方眼紙を用いると直線となる。

（c）　$Y=aX^b$　：両対数目盛方眼紙を用いると直線となる。

④　報告書には以下の各項目を書き，定められた期限までに提出する。実験の目的，原理，実験方法を書くときには，テキストの丸写しでなく，自分でよく理解したうえで簡潔にまとめることを心がける。

（a）　表　　紙　：実験番号，実験題目，実験年月日，提出年月日，報告者氏名，共同実験者氏名，天候，温度などを書く。

（b）　実験の目的　：何を理解するためにどんな対象の実験を行うのか，また，どんな実験技術を習得するのかを，できるだけ箇条書きにして簡潔に書く。

（c）　原理・理論　：実験の基礎となっている原理・理論について要点をできるだけ整理してまとめる。

（d）　実験方法　：実験項目ごとに測定法などを順序立てて簡潔にまとめて書く。

（e）　実験装置　：実験項目ごとに使用する実験装置，計測器，使用器具の型名，定格，製造メーカー名などを書く。

（f）　配 線 図　：実験装置，計測器，試料などの接続図をわかりやすく図示する。

（g）　実験結果　：測定値を羅列するのではなく表やグラフに図示したり，計算結果や実験式をまとめる。また，実験・測定条件や使用した抵抗値，コンデンサの容量値などを明記する。

（h）　考察・検討事項：各実験項目ごとに得られた結果の因果関係，現象の本質は何か，データの信頼性，測定精度，実験方法，実験原理や機器の原理は何か，実験項目に関する質問や問題に対する回答などを考察・検討する。

（ｉ）　参考文献　：報告書を作成する際に使用した参考文献を順序立てて記述する。

2 基礎知識

2.1 単位系と電気単位

電圧，電流や抵抗などの電気量を測定したとき，基準となるものと比較して何倍であるかを数値として表すが，この基準となる一定量が単位である。SI

表 2.1 SI 基本単位

量	名　称	記　号	定　義
長　さ	メートル	〔m〕	1 m は，光が 299 792 458 分の 1 秒間に真空中を伝わる距離
質　量	キログラム	〔kg〕	1 kg は，直径・高さともに 39 mm の白金イリジウム合金製円筒である国際キログラム原器の質量
時　間	秒	〔s〕	1 秒は，セシウム 133 原子周波数標準器によって得られるセシウム 133 の原子の基底状態の二つの超微細準位の間の遷移に反応する放射の 9 192 631 770 周期の継続時間
電　流	アンペア	〔A〕	1 A は，真空中に 1 m の間隔で平行に置かれた無限に小さい円形断面の 2 本の無限長直線状導体のそれぞれを流れ，その導体の長さ 1 m ごとに 2×10^{-7} ニュートンの力を及ぼしあう一定の電流
熱力学温　度	ケルビン	〔K〕	1 K は，水の三重点（水，氷，水蒸気の共存状態）の熱力学温度の 273.16 分の 1 の温度
物質量	モル	〔mol〕	1 モルは，0.012 kg の炭素 12 の中に存在する原子の数と等しい数の構成要素（原子，分子，イオン，電子，その他の粒子，またはこの種の粒子の特定の集合体）を含む系の物質量
光　度	カンデラ	〔cd〕	1 cd は，周波数 540×10^{12} Hz の単色放射の所定の方向への放射強度が 683 分の 1 ワット毎ステラジアン〔W/sr〕である光源のその方向の光度

単位は国際度量衡総会で統一された国際単位系（International System of Units）であり，七つの基本単位と二つの補助単位および多くの組立単位から成り立っている。**表 2.1** に SI 基本単位，**表 2.2** に SI 補助単位を示すが，いずれもメートル法から導かれた実用的な単位系であり，それぞれが定義に従って標準器を用いて定められたものである。一方，**表 2.3** は実用電気単位系であり，電気電子工学関連で身近に利用する機会の多い単位をまとめてある。

ところで，われわれは非常に小さな電気量あるいは非常に大きな電気量を表

表 2.2　SI 補助単位

量	名　称	記　号	定　義
平面角	ラジアン	〔rad〕	円の周上でその半径の長さに等しい長さの弧を切り取る 2 本の半径の間に含まれる平面角
立体角	ステラジアン	〔sr〕	球の中心を頂点とし，その球の半径を一辺とする正方形の面積に等しい面積をその球の表面上で切り取る立体角

表 2.3　実用電気単位系

量	名　称	記　号	定　義
電　流	アンペア	〔A〕	真空中に 1 m の間隔で平行に置かれた無限に小さい円形断面を有する無限に長い 2 本の直線状導体のそれぞれを流れ，これらの導体の長さ 1 m ごとに 2×10^{-7} N の力を及ぼし合う電流が 1 A。交流の電流では，その電流の瞬時値の 2 乗の 1 周期平均の平方根が上記の値に等しい電流
電　圧	ボルト	〔V〕	1 A の不変の電流が流れる導体の 2 点間において消費される電力が 1 W であるときに，その 2 点間の電圧が 1 V．交流の電圧では，その電圧の瞬時値の 2 乗の 1 周期平均の平方根が上記の値に等しい電圧
抵　抗	オーム	〔Ω〕	1 A 電流が流れる導体の 2 点間の電圧が 1 V であるとき，その 2 点間の電気抵抗が 1 Ω
電　荷	クーロン	〔C〕	1 A の不変の電流によって 1 秒間に運ばれる電気量が 1 C
静　電 容　量	ファラド	〔F〕	1 C の電気量を充電したときに 1 V の電圧を生じる 2 導体間の静電容量が 1 F
インダク タンス	ヘンリー	〔H〕	1 A/s の割合で一様に変化する電流が流れるときに 1 V の起電力を生じる閉回路のインダクタンスが 1 H
磁　束	ウェーバ	〔Wb〕	1 回巻きの閉回路と鎖交する磁束が一様に減少して，1 秒後に消滅するときに，その閉回路に 1 V の起電力を生じさせる磁束が 1 Wb
電　力	ワット	〔W〕	毎秒 1 ジュールの割合でエネルギーを出す仕事工率が 1 W

すことが多い。例えば，1 000 分の 1 V（ボルト）の低電圧とか 500 万 Hz（ヘルツ）の高周波など，そのまま数値で表すと桁数が多くなり，記述が煩雑になったり間違いを起こしやすい。このような場合，SI 接頭語を付けてそれぞれを 1 mV（ミリボルト）とか 5 MHz（メガヘルツ）というように表すのが通例である。**表 2.4** は SI 単位の 10 の整数倍を作るための SI 接頭語をまとめたものであり，実習を行う際にもその読み方と使い方に習熟しておく必要がある。

表 2.4 SI 接頭語

SI 接頭語	数　値	記　号	SI 接頭語	数　値	記　号
アト	10^{-18}	a	デカ	10^{1}	da
フェムト	10^{-15}	f	ヘクト	10^{2}	h
ピコ	10^{-12}	p	キロ	10^{3}	k
ナノ	10^{-9}	n	メガ	10^{6}	M
マイクロ	10^{-6}	μ	ギガ	10^{9}	G
ミリ	10^{-3}	m	テラ	10^{12}	T
センチ	10^{-2}	c	ペタ	10^{15}	P
デシ	10^{-1}	d	エクサ	10^{18}	E

このほか，巻末の付録に固有の名称を持つ SI 組立単位（付表 1）と固有の名称を持たない SI 組立単位（付表 2）を示したので参考にしてほしい。

2.2 測定誤差と精度

実習を行うと，どんなに高級な測定装置を使っても，また注意深く測定しても誤差が生じて真に正しい値は得られない。測定誤差 E は，式(2.1)に示すように測定量の本当の値（真値）T と測定値 M の差で表される。しかし，真値は実際には知ることのできない値であって，知ることのできる値は真値に近い測定値であり，繰り返し測定によって得られる測定値は真値に近い範囲にばらつく。したがって，繰り返し測定による測定値の平均値 H を真値に限りなく近い値とみなすことにする。実際には式(2.1)′のように真値の代わりに多数の測定値の平均値を用いて誤差を表す。誤差の真値に対する比率を誤差率といい，式(2.2)で表すようにこれを百分率で表したものを誤差百分率 ε という。

$$E = M - T \tag{2.1}$$

$$E = M - H \tag{2.1$'$}$$

$$\varepsilon = \frac{M - T}{T} \times 100 \quad 〔\%〕 \tag{2.2}$$

誤差には過失によるもの，系統的に生じるもの，偶然性によるものなどがある。過失誤差は，測定にあたっての目盛りの読み違い，測定値の記録違い，計器の取扱い違い，その他，測定者の不注意によって起こる誤差である。系統誤差は，特定の原因によって起こる誤差であり，器差（測定器自体が持つ誤差のことであり，正確に作られた基準入力値と測定器の指示値との差をいう）のほか，温度，湿度，背景光，雑音など測定環境の変化に伴う誤差，測定器を挿入したことによる状態変化に伴う誤差があり，測定器の温度依存性や外部磁界の影響による誤差などがあげられる。また，測定者個人のくせに基づく個人誤差も系統誤差の一つと考えてよい。

過失誤差や系統誤差は原因のある誤差であり，十分な注意と何らかの対処法によって削減できるものである。これに対して偶然誤差は，原因が不明でなかなか取り除けない誤差である。このため同一条件のもとで測定を多く行ってその平均値を求めればこの誤差は減少する。

偶然誤差を含む測定値 x は測定のたびに異なり，測定値が多い場合そのばらつき度は**図 2.1** および式(2.3)に示すように正規分布（ガウス分布）となり，平均値 $\bar{x}$ と標準偏差 σ で表される。

$$f(x) = \frac{1}{\sqrt{2\pi}\,\sigma} \exp\left\{-\frac{(x-\bar{x})^2}{2\sigma^2}\right\} \tag{2.3}$$

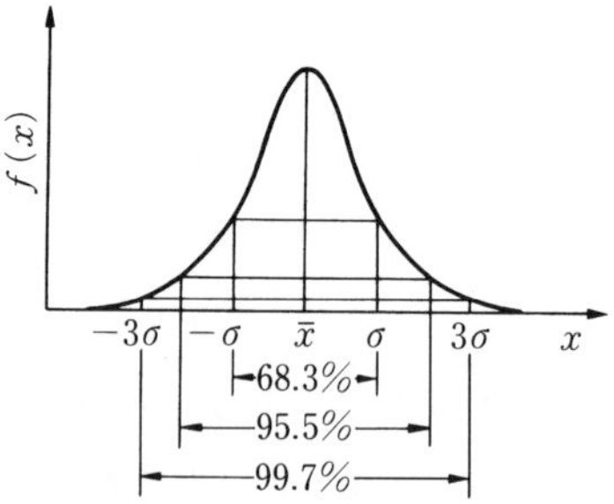

図 2.1　正規（ガウス）分布

ある物理量 x を同一条件で n 回測定して n 個の値 $x_1, x_2, \cdots, x_n$ を得たとすると，その平均値（算術平均）$\bar{x}$ と標準偏差（平均二乗誤差）σ は

$$\bar{x}=\frac{x_1+x_2+\cdots+x_n}{n} \tag{2.4}$$

$$\sigma=\sqrt{\frac{\sum_{i=1}^{n}(x_i-\bar{x})^2}{n}} \tag{2.5}$$

で表される。標準偏差は測定値のばらつき度を示すもので，偶然誤差だけでなくさまざまな誤差の多さを表している。

測定**精度**というのは，測定値がいかに真値に近いかを表す**正確さ**（accuracy）とばらつきの少なさを表す**精密さ**（precision）の両者を含むものである。正確さは，測定値のかたよりの度合であり，測定値の平均値と真値の差の大小を意味する。精密さは，繰り返し測定した場合の測定値のばらつきの程度をいい，偶然誤差の大小を意味する。測定装置の精度が何％というときの精度は器差を示すことが多く，測定装置の正確さだけを精度ということもある。

一方，測定の**再現性**というのは，一定の入力を繰り返し与えたときの指示値のばらつき度を％表示したものであり，精密さを表しているともいえる。測定器の**感度**（sensitivity）は，出力の変化分/入力の変化分として示される測定可能な最小量であり，**分解能**（resolution）は，検出可能な最小の出力変化を与える入力の大きさのことである。

2.3　グラフの書き方と最小二乗法

温度を変えて電気抵抗を測定し，抵抗の温度係数を求めたり，半導体ダイオードの整流作用を電圧と電流の関係で表すなど，ある量 y を他の量 x と関係付けて測定する場合が非常に多い。このとき x を横軸に，y を縦軸にとって測定値をグラフに表すが，**図 2.2** に示すようにおのおのの測定点を滑らかな直線や曲線で結ぶことによって物理量 x に対する y の関係を推定することができる。測定値には必ず誤差が含まれているので，真値はグラフに表示した測定点そのものではなく，測定点を中心としたある範囲内にあると考えるべきであ

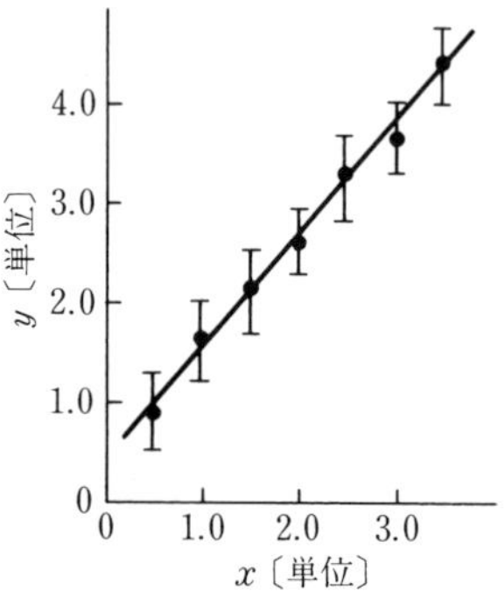

図 2.2　回帰直線と標準偏差

る。測定を繰り返して測定値 y の標準偏差がわかっているときは，標準偏差に相当する長さのバーを図のように示し，この範囲を通って滑らかな線を引く。測定点の書き方，横軸・縦軸の表示の仕方などについては 1.4 節で述べたので重複を避けるが，グラフの表題はグラフの下側に，表の表題は表の上側に通し番号をつけて書くことを忘れないでほしい。

二つの物理量（x，y）を測定して両者の相互関係を知りたいとき，その関係式を最小二乗法を用いて求めることが多い。その関係が直線で表される場合，これを**回帰直線**という。また相互関係の強さを表すのに**相関係数** ρ を用いる。いま，（x，y）に関する n 個の測定値を $(x_1, y_1), (x_2, y_2), \cdots, (x_n, y_n)$ としたとき，回帰直線 $y=ax+b$ はつぎのようにして求められる。回帰直線を満足する理論値を（X_i，Y_i）として測定値 y_i と x_i に対する理論値 Y_i との差を E_i とすると，$i=1 \sim n$ に対して

$$\left.\begin{aligned} E_1 &= y_1 - Y_1 = y_1 - ax_1 - b \\ E_2 &= y_2 - Y_2 = y_2 - ax_2 - b \\ &\vdots \\ E_n &= y_n - Y_n = y_n - ax_n - b \end{aligned}\right\} \tag{2.6}$$

最小二乗法により E_i の 2 乗和 S が最小になるように a，b を決定する。

$$S = E_1{}^2 + E_2{}^2 \cdots + E_n{}^2$$
$$= (y_1 - ax_1 - b)^2 + (y_2 - ax_2 - b)^2 + \cdots$$
$$+ (y_n - ax_n - b)^2 \tag{2.7}$$

回帰直線の係数 a，b は S の a，b に対する微分値を最小にする

$$\left.\begin{aligned} \frac{dS}{da} &= \sum_{i=1}^{n} 2(y_i - ax_i - b)\cdot(-x_i) = 0 \\ \frac{dS}{db} &= \sum_{i=1}^{n} 2(y_i - ax_i - b)\cdot(-1) = 0 \end{aligned}\right\} \tag{2.8}$$

から得られる。上式を書き直すと

$$\left.\begin{aligned} &\sum_{i=1}^{n} x_i y_i - a\sum_{i=1}^{n} x_i{}^2 - b\sum_{i=1}^{n} x_i = 0 \\ &\sum_{i=1}^{n} y_i - a\sum_{i=1}^{n} x_i - bn = 0 \end{aligned}\right\} \tag{2.9}$$

この連立１次方程式を解いて

$$\left.\begin{aligned} a &= \frac{n\sum_{i=1}^{n} x_i y_i - \sum_{i=1}^{n} x_i \sum_{i=1}^{n} y_i}{n\sum_{i=1}^{n} x_i{}^2 - \left(\sum_{i=1}^{n} x_i\right)^2} \\ b &= \frac{\sum_{i=1}^{n} x_i{}^2 \sum_{i=1}^{n} y_i - \sum_{i=1}^{n} x_i \sum_{i=1}^{n} x_i y_i}{n\sum_{i=1}^{n} x_i{}^2 - \left(\sum_{i=1}^{n} x_i\right)^2} \end{aligned}\right\} \tag{2.10}$$

を得る。

一方，二つの量（x_i，y_i）に関する n 個の測定値の平均値を $\bar{x}$，$\bar{y}$ とすると，相関係数 ρ は

$$\rho = \frac{\sum_{i=1}^{n} (x_i - \bar{x})(y_i - \bar{y})}{\sqrt{\sum_{i=1}^{n} (x_i - \bar{x})^2}\sqrt{\sum_{i=1}^{n} (y_i - \bar{y})^2}} \tag{2.11}$$

で表される。相関係数は $-1 \leqq \rho \leqq 1$ の範囲にあり，ρ が正のときは正の相関があるといい，負のときは負の相関があるという。$\rho \to 0$ では二つの物理量の相関は低く，$\rho \to \pm 1$ では高い。

第II部　電気・電子工学実習

3　電流，電圧，抵抗の測定（I）

―オームの法則とディジタルマルチメータの使い方―

一つのメータでスイッチを切り換えて電流，電圧，抵抗を測定できるようにした指示電気計器（略して指示計器）をマルチメータあるいはテスタというが，多くはディジタル化され，ディジタルマルチメータあるいはディジタルテスタとして広く利用されている。本実験ではディジタルマルチメータを用いて抵抗に流れる電流と抵抗の端子電圧を測定し，電気量の基本である電流と電圧の関係およびオームの法則を理解するとともに指示計器の取扱いに習熟する。また，ディジタルマルチメータの抵抗測定端子に電気抵抗を接続し，直接その抵抗値を測定する。さらに商用交流電圧の実効値を測定し，実効値と波高値（最大値）の関係を理解する。

3.1　原　　　理

3.1.1　電流と電圧の関係とオームの法則

電気のもとは負または正の電気量を持った電子，陽イオンや陰イオンなどであり，これらを総称して電荷（単位はクーロン〔C〕）という。**図3.1**に示すように電荷 q の流れを電流といい，その強さはある断面を単位時間に通過す

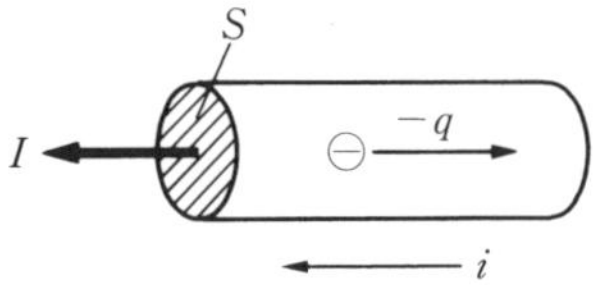

図3.1　電荷 q の流れと電流 i

る電荷量で表され，毎秒1クーロン〔C/s〕の流れを1アンペア〔A〕という。電荷 q と電流 i の関係は

$$i=\frac{dq}{dt}, \quad q=\int_{-\infty}^{T} idt \tag{3.1}$$

で示されるが，導体の断面を t 秒間に電荷 q が通過するときの電流の強さ I は，近似的に $I=q/t$ と表される。導体の断面積が S〔m²〕であるとき，$i_d=I/S$ を電流密度〔A/m²〕という。電流の向きは正の電荷が移動する方向と同じ向きと定義している。したがって，電子などの負の電荷が移動する方向とは逆向きということになる。

一方，空間に電荷が存在すると，電荷の周辺には電気的な力が働く。そのような電気力の働く場を電界または電場という。いま，**図3.2** に示すように電界 $\boldsymbol{E}$ が存在する場に電荷を置くと，その電荷は力 $\boldsymbol{F}$〔N〕を受けて移動する。

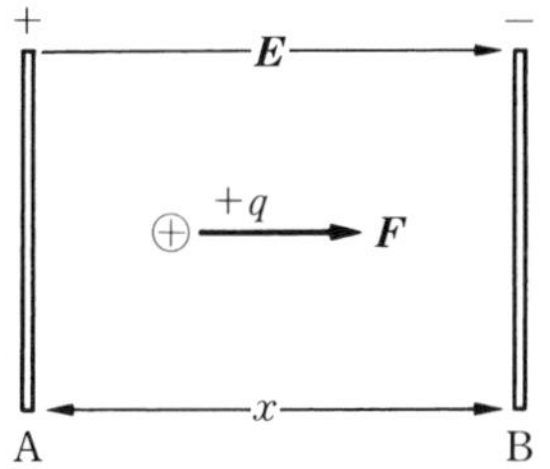

図3.2　電界 $\boldsymbol{E}$ と電荷 q の移動

電荷量を q〔C〕とすると

$$\boldsymbol{F}=q\cdot\boldsymbol{E} \tag{3.2}$$

と表される。$\boldsymbol{F}$ も $\boldsymbol{E}$ もベクトル量である。このような電界中で電荷 q を A から B へ移動させるのに必要な仕事量 W ジュール〔J〕は

$$W=-\int_{A}^{B}\boldsymbol{F}\cdot d\boldsymbol{x}=-\int_{A}^{B}q\boldsymbol{E}\cdot d\boldsymbol{x} \tag{3.3}$$

となる。q を1C の単位正電荷とすると $\boldsymbol{E}$ ニュートン〔N〕の力が作用するが，この力に逆らって電荷を A から B まで動かす仕事 V は式(3.3)から

$$V=-\int_{A}^{B}\boldsymbol{E}\cdot d\boldsymbol{x} \tag{3.4}$$

で表され，V を A を基準とする B の電位，または BA 間の電圧（電位差）と

いう。特に V が1ジュール〔J〕の仕事となるとき，その電位の大きさを1ボルト〔V〕という。以上より，距離 x 間に一様な電界 $\boldsymbol{E}$ が存在するとき，この間の電圧 V は

$$V=|\boldsymbol{E}|\cdot x \quad \text{または} \quad |\boldsymbol{E}|=\frac{V}{x} \tag{3.5}$$

と表され，電界の単位は〔V/m〕ということになる。

図3.3のような電気回路において，抵抗 R〔Ω〕の両端に電圧 V〔V〕が加わり，電流 I〔A〕が流れたとする，あるいは測定試料である抵抗体に電流 I が流れ，その両端に電位差 V が生じたとすると

$$V=R\cdot I, \quad R=\frac{V}{I} \tag{3.6}$$

の関係が得られ，**オームの法則**と呼ばれる。比例定数 R を電気抵抗または単に抵抗という。抵抗の逆数 $G=1/R$ をコンダクタンスといい，単位はジーメンス〔S〕である。

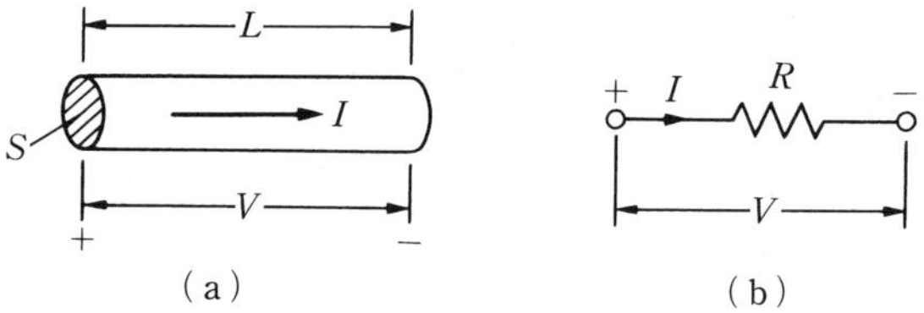

図3.3　抵抗とオームの法則

試料の断面積を S〔m²〕，長さを L〔m〕とすれば，$V=\boldsymbol{E}\cdot L$，$I=i_d\cdot S$ の関係より

$$R=\frac{V}{I}=\frac{\boldsymbol{E}}{i_d}\cdot\frac{L}{S}=\rho\left(\frac{L}{S}\right) \tag{3.7}$$

となる。

$$\rho=R\left(\frac{S}{L}\right) \tag{3.8}$$

を比抵抗（または抵抗率）といい，単位は〔Ω·m〕で表される。抵抗は試料固有の比抵抗と長さに比例し，断面積に反比例することがわかる。

3.1.2 ディジタルマルチメータ

図 3.4 のディジタルマルチメータは，測定する電流や電圧などのアナログ量をディジタル変換して 10 進数で数字表示するディジタル計器であり，データの読み取りが容易であり，読取り誤差が少ない。また，4 ～ 7 桁の高い表示精度を持ち，高精度の測定が可能である。しかし，電磁環境の影響で最小桁の表示値が安定しないことが多い。ディジタルマルチメータの回路構成の主要部分はアナログ電圧をディジタル電圧に変換する A-D 変換器であり，電圧の高さに応じてパルス数をカウントして表示する。電流測定には，挿入した標準抵抗の端子電圧を測定して電流・電圧変換した結果を表示する。交流測定には整流器を使って直流電圧に変換し，抵抗測定には演算増幅器（オペアンプ）を用いた抵抗・電圧変換回路を使っている。

図 3.4　ディジタルマルチメータ（ソアー ME 523 型）

回転式のスイッチのつまみを切り換えることによって直流・交流電流，直流・交流電圧，電気抵抗の選択が可能であり，同様のスイッチにより測定信号の大きさに合わせて測定範囲の切り換えを行う。電圧測定モードにおいては，ディジタルマルチメータの内部回路にほとんど電流が流れないように設計されていて，被測定対象に影響を与えずに電圧を測定できる。また，電流測定モードにおいては，ディジタルマルチメータの内部回路の抵抗がほとんど 0 になるように設計されているので，被測定対象に影響を与えずに電流を測定することができる。電源は 9 V 乾電池および AC アダプタによって動作する。電流測定時に過大な電流が流れるとヒューズが溶断して，計器が破壊されないように保護される。万一，ヒューズが溶断したときには，原因を確かめたうえで，必ず規定のヒューズと交換する。

一方，**図 3.5** はアナログテスタであり，いまだ使用している施設もあると思われるので説明しておく（3.7 節の参考事項を参照のこと）。テスタの精度はそれほど高くなく，また高周波数の測定には適さないが，直流のみならず交流の電流，電圧や抵抗を簡単に測定でき，持ち運びにも便利な実用的な計器である。小形の可動コイル型電流計と分流器，倍率器，可変抵抗，整流器，電池で構成されている。電流計に多数の抵抗器を組み合わせ，電圧や電流の測定範囲を大幅に広げたものであり，交流測定にはダイオードを組み合わせた整流器型計器として使用している。さらに内蔵した電池を使用して電気抵抗を測定できる。いずれも指示は電流計を用い，多重目盛にしてあり，つまみによって直流と交流の電流，電圧および抵抗の選択と測定範囲の切り換えが可能である。多重目盛となっているために使いにくい面もあるが，新しくはディジタルテスタとなって，指示値を誤りなく読めるようにしている。

図 3.5　テスタ（横河電機 3223 形）

3.1.3　交流の実効値

交流電流 $i(t)$，交流電圧 $v(t)$ を正弦波交流のような周期関数とすると，その実効値 I_{rms}，V_{rms} はつぎのように定義される。

$$I_{rms}=\sqrt{\frac{1}{T}\int_0^T i(t)^2 dt} \tag{3.9}$$

$$V_{rms}=\sqrt{\frac{1}{T}\int_0^T v(t)^2 dt} \tag{3.10}$$

正弦波電流 $i(t)=I\sin\omega t$，電圧 $v(t)=V\sin\omega t$ のとき，それぞれの実効値は，$I_{rms}=I/\sqrt{2}$，$V_{rms}=V/\sqrt{2}$ となり，波高値（最大値）V の約 0.707 倍と

なる。

3.2 実 験 方 法

実験［1］ ディジタルマルチメータの使い方と電流・電圧の測定

ブレッドボードを使って**図 3.6** の回路を構成する。ディジタルマルチメータを電流計（A）と電圧計（V）として使い，電流計は測定したい回路中の枝に直列に接続し，電圧計は測定したい端子間に並列に接続する。測定項目および測定範囲（レンジ）の選択を行い（測定項目は直流電流と直流電圧），ディジタルマルチメータの電源を入れる。あらかじめ，回路に流れる電流や測定端子電圧を理論的に予測しておく。予測値よりも大きめのレンジを選ぶほうがよいが，まったく不明のときは最大レンジを選ぶ。レンジを小さくしていき，有効数字の桁数をふやす。

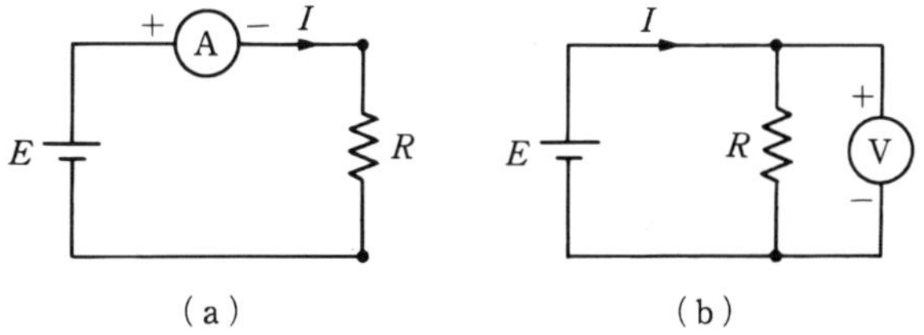

図 3.6 電流と電圧の測定

（1） 図 3.6(a) および(b) の回路において，電源電圧 E の値を数段階に変化させて，それぞれ抵抗に流れる電流 I と抵抗の端子電圧 V を読み取り，表にまとめる。

（2） 抵抗値を数種類変えて同様の実験を行う。抵抗値は，$R=V/I$ から求められるが，参考事項（1）に示した抵抗のカラーコードから抵抗の公称値 R_S を読み取り，測定値 R を比較して次式から誤差を求める。

$$\varepsilon=\frac{R_S-R}{R_S}\times 100 \quad [\%] \tag{3.11}$$

（3） **図 3.7** のように電流計と電圧計を挿入した回路を構成し，上記と同様な方法による実験を行い，各計器の指示値 V と I を測定し，表にまとめて図

3.6 の回路で得られた結果と比較する。電流計と電圧計の挿入位置の違いによって各計器の指示値 V と I がどうなるかを比較検討する。なお，テスト棒を被測定部位に接続する際には，電流と電圧の極性（プラス，マイナス）に注意する。

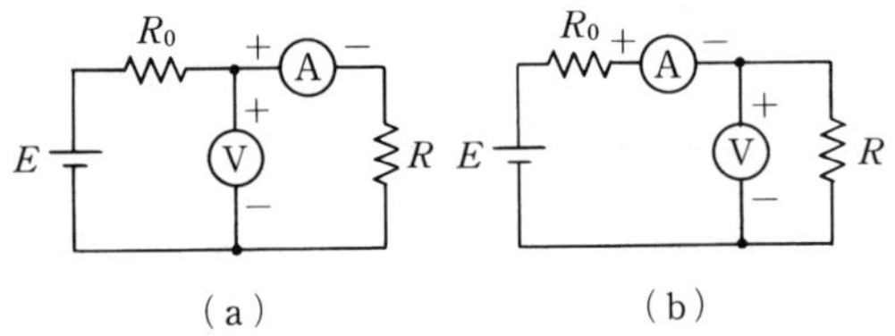

図 3.7　電流計と電圧計を用いた電流，電圧，抵抗の測定

実験［2］　抵抗の測定

ディジタルマルチメータの電源を入れ，抵抗測定レンジを選ぶ。測定前にテスト棒の＋と－端子を短絡させて，指示値が 0 Ω になることを確かめる。抵抗素子の両端にテスト棒を接続し，抵抗の指示値を読み取る。指示値が不適当なときには，測定レンジを切り換えて測定する。

（1）　各種の抵抗素子を 5 種類以上測定し，測定値 R と公称値 R_0 を比較し，式(3.11)に基づいて測定値と公称値との誤差を求める。実験［1］の結果とも比較する。

（2）　一種類の抵抗（例えば 10 kΩ）を 50 ～ 100 本用意して，すべての抵抗値を測定し，そのヒストグラム，平均値および標準偏差を求める。

実験［3］　交流電圧の測定

測定項目を交流電圧に，測定レンジを交流 100 V 以上にして，実験台のコンセントの商用交流電圧（50 kHz または 60 kHz）を測定する。テスト棒の 1 本を接地端子としてコンセントの 2 本の線間電圧を測定し，活線側と接地線側を区別する。

3.3 実験装置・使用器具

（1）直流安定化電源（0～15V，0～5A）または乾電池（1.5V）

（2）ディジタルマルチメータ，ディジタルテスタまたはテスタ（アナログ式）

（3）ブレッドボード，リード線

（4）測定抵抗素子（10Ω～500kΩ）

（5）可変抵抗素子

3.4 報　告　事　項

（1）目的，原理および実験方法（日時，室温，使用器具名，配線図等）を明記する。

（2）実験結果を図表にして報告書に挿入する。

実験［1］については，図3.6(a)，(b)の回路から得られる結果を表にまとめる。方眼紙の横軸に抵抗素子に流れる測定電流 I，縦軸に抵抗素子の端子電圧 V をプロットし，その傾きから抵抗値 R を求める。図3.7の回路を用いて得られた電流 I と電圧 V の関係も同様に図に示し，グラフの傾きから抵抗値 R を求めて，比較する。

（3）実験［2］について，各抵抗の測定値と公称値の差および，式(3.11)による誤差を求め，抵抗値に記されている許容差と比較する。また，多数本測定した一種類の抵抗値のヒストグラムを図に表し，全抵抗の平均値と標準偏差を計算してその結果を示す。

（4）実験［3］について，正弦波交流電圧の測定値（実効値）を示し，波高値（最大値）がいくらになるかを計算する。実効値と波高値の関係を理解するために，例として波高値5Aの電流の実効値，波高値20Vの電圧の実効値を計算する。逆に実効値220Vの電圧の波高値を求め，その結果を示す。

3.5　考　察　事　項

（1）　実験結果に関する考察を行う。特にオームの法則について考察するほかに，つぎの事項について考察する。

（2）　ディジタルマルチメータの取扱いと電流，電圧の測定法について学んだが，電流計および電圧計としての許容誤差が測定精度に与える影響について考察する。

（3）　図3.7の電流計と電圧計の挿入位置によって測定値が若干異なる理由について考え，計器の内部抵抗の影響を考察する。

（4）　抵抗（例えば1Ω以下）の測定には，図3.7(a)，(b)いずれの測定回路が有効かを考察する。

（5）　抵抗値のばらつきが生じる理由について考察する。測定値の平均値，標準偏差，正規分布について考察する。

（6）　抵抗に流せる電流と抵抗で連続消費できる電力の最大値（定格電力）は，ある一定値内に定められている。定格電力 P の抵抗 R では，抵抗に流せる電流 I は，$I=\sqrt{P/R}$ である。本実習で使用する抵抗は，1/4ワット〔W〕の定格電力のものが多いが，種々の抵抗について，流せる電流は何アンペアであるかを考える。

（7）　本実験では電流・電圧法による抵抗測定法を学んだが，他にどんな抵抗測定法があるか考察する。特に電解質溶液などの液体の抵抗を測定する方法について考察する。

（8）　直流と交流の違いについて考察し，交流の実効値とはどのような値かを考える。

3.6　注　意　事　項

（1）　ディジタルマルチメータやテスタなど指示計器の詳しい使用法は，メーカーの取扱説明書を見るべきであるが，基本的な使用法は各社大差ない。実験開始前に必ず取扱説明書を読むこと。

（2） ディジタルマルチメータの測定項目および測定レンジの選択を行うにあたり，あらかじめ回路に流れる電流や被測定対象の端子電圧を理論的に予測しておく。必ず予測値よりも大きめのレンジを選ぶほうがよい。まったく不明のときは最大レンジを選ぶ。

（3） 計器・器具および試料の定格値や許容値に注意して，過大電流を流すなどして計器の破壊や焼損を招くことのないようにする。

（4） 直流の電流，電圧を測定するときには，その極性にあわせてテスト棒の＋と－の端子を接続するように注意する。

（5） 計器は測定する前に零点調整がなされているかどうかを確認し，定められた配置（水平または垂直）で使用する。

（6） 抵抗の値により計器の目盛りのどの範囲で使用するかを，慎重に考慮する。

（7） 商用交流電圧を測定するときには，測定項目と測定レンジの設定に注意して，慎重に測定するよう心がける。

3.7 参　考　事　項

3.7.1 抵抗のカラーコード

固定抵抗素子の多くは，数字や記号の代わりに**図 3.8** のような色帯を付けて抵抗値や許容差を表示することが多い。このようなカラーコード表示を**表 3.1**

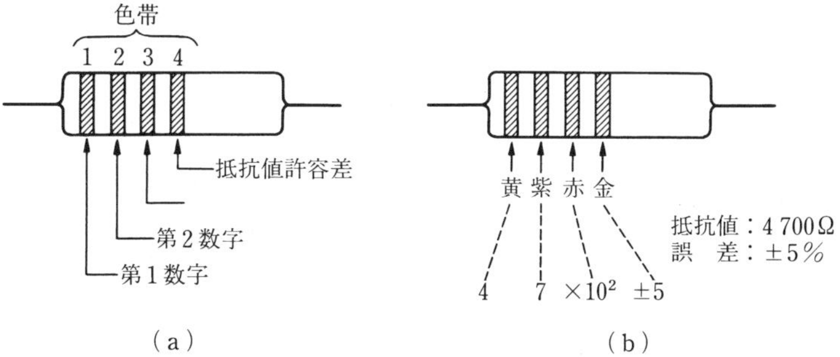

図 3.8 抵抗のカラーコード

表 3.1　抵抗のカラーコード表示

色	第 1，第 2 色帯	第 3 色帯	第 4 色帯
	第 1，第 2 数字	乗数	許容差〔%〕
黒	0	10^0	−
茶	1	10^1	±1
赤	2	10^2	±2
橙	3	10^3	−
黄	4	10^4	−
緑	5	10^5	−
青	6	10^6	−
紫	7	10^7	−
灰	8	10^8	−
白	9	10^9	−
金	−	10^{-1}	±5
銀	−	10^{-2}	±10
無色	−	−	±20

にまとめたので参考にしてほしい。図 3.8 の色帯は，第 1 数字から順に黄，紫，赤，金であるので，4，7，2，±5%，すなわち $47 \times 10^2 = 4\,700\,\Omega$ の許容差±5%の抵抗であることがわかる。

3.7.2　指示電気計器について

電流や電圧などの電気量を指針と目盛り板によって表示して測定できるようにした計器を指示電気計器（または単に指示計器）という。施設によってはディジタルマルチメータなどのディジタル計器ではなく，テスタを含めたアナログ式の指示計器を使用している場合もあるので，参考のために説明しておく。

図 3.9 は直流用の電圧計や電流計に広く使われている最も一般的な可動コイル型計器の基本構造を示したものである。

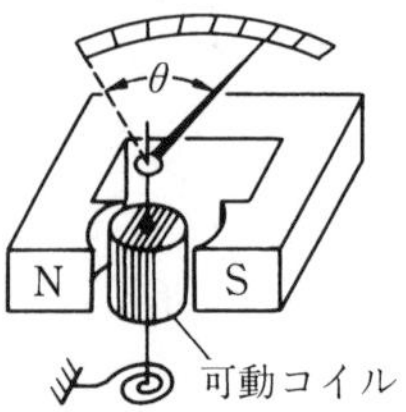

図 3.9　可動コイル型計器

固定した永久磁石に内面が円筒状の軟鉄製磁極片を配置し，発生する磁界内に可動コイルをつり下げる。可動コイルに電流 I が流れると，電流と磁界との間に働く電磁力によって駆動トルクが生じる。可動コイルはその中心が固定されているので，駆動トルクによって固定軸回りに回転するが，制御ばねによる制動トルクと平衡した位置で回転は止まる。回転角 θ は

$$\theta=\frac{Bwhn}{k}I=KI \tag{3.12}$$

となる。ここで，B は磁界の磁束密度〔T〕，w は可動コイルの幅〔m〕，h は可動コイルの高さ〔m〕，n はコイルの巻き数，k は制動トルクと回転角間の比例定数〔Nm/rad〕，I〔A〕は電流である。K は感度係数と呼ばれる。可動コイル型電流計には内部抵抗（コイル抵抗）r_a が含まれ，**図 3.10**(a) の等価回路で示されるように計器に直列に接続されているように記述する。電流が精度よく測定されるためには内部抵抗が小さく，抵抗の電圧降下が少ないことが望ましい。一方，図 (b) は電圧計の等価回路表現であり，内部抵抗（コイル抵抗）r_v が計器に並列に接続されているように記述する。コイルの動作電流がコイル抵抗に流れて計器の指針を振らせて電圧 $V=r_vI$ が測定される。

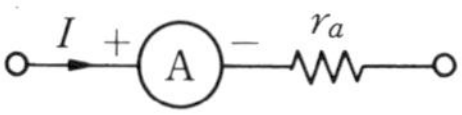

(a) 電流計の等価回路

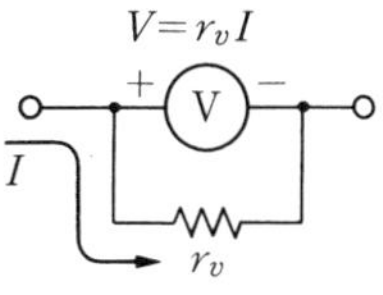

(b) 電圧計の等価回路

図 3.10 可動コイル型電流計および電圧計の等価回路

このような等価回路を持つ指示計器を回路中に挿入し電流，電圧を測定する場合の影響をつぎに示す。**図 3.11**(a) の回路では，電流計の指す値 I は被測定抵抗 R に流れる電流の値を示しているが，電圧計の指す値 V は抵抗 R の端子電圧と電流計の内部抵抗 r_a の端子電圧の和であるから，電流計と電圧計の指示値から求められる真の抵抗値 R は $R=V/I$ でなく，次式で表される。

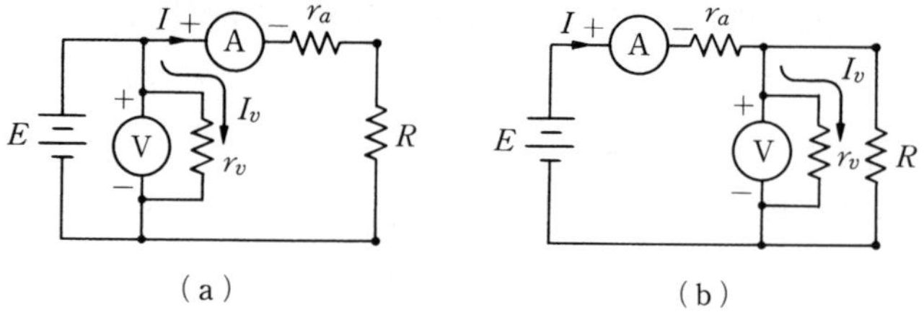

図 3.11　電流計，電圧計を用いた電流，電圧，抵抗の測定

$$R=\frac{E}{I}=\frac{V-I\cdot r_a}{I} \tag{3.13}$$

$r_a\to 0$ のとき，$R=V/I$ となる。したがって，電流計の内部抵抗はきわめて小さいことが望ましい。一方，図（b）の回路で抵抗 R に流れる電流は $I-I_v$ であり，R の端子電圧は V であるから，真の抵抗値 R は次式で与えられる。

$$R=\frac{V}{I-I_v}=\frac{V}{I-V/r_v} \tag{3.14}$$

$r_v\to\infty$ のとき，$R=V/I$ となる。したがって，電圧計の内部抵抗はきわめて大きいことが望ましい。いずれの場合も指示計器の内部抵抗の値によって誤差が生じる。

4 電流，電圧，抵抗の測定（II）
— キルヒホッフの法則と分流器，倍率器の使い方 —

複数の抵抗素子で構成される回路網内の電流および電圧を測定し，電流と電圧の大きさの関係を調べ，キルヒホッフの法則が成り立つことを確かめる。抵抗の直列・並列回路について電流および電圧の測定を行い，直列・並列回路の抵抗の求め方についても学ぶ。キルヒホッフの法則は，回路内の節点に流出入する電流の関係と閉路内の電圧の関係を規定する法則であるが，この法則について理解を深める。また，大きな電流や高い電圧を測定したいときに，定格の低い指示計器でも測定できるように分流器や倍率器を使って測定範囲を広げる方法について学ぶ。

4.1 原　　　理

4.1.1 キルヒホッフの法則

回路内の電流と電圧の関係を規定する法則であり，直流だけでなく交流（後で示されるインピーダンスに流れる電流と電圧降下）に対しても普遍的に適用される。以下の電流則と電圧則がある。

電流則：図 4.1 に示すように，回路中の任意の節点に流出入する電流の代数和はつねに 0 である。ただし，流入する電流の符号は正として，流出する電流は負の電流が流入すると考えて符号を負とする。

式で表すと

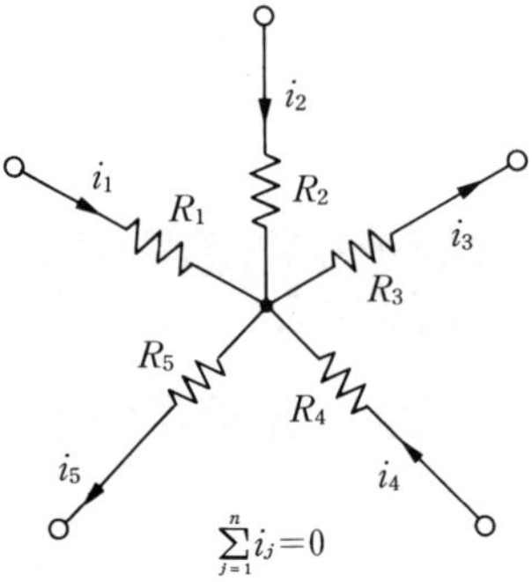

図 4.1　キルヒホッフの法則（電流則）

$$i_1 + i_2 + i_3 + i_4 + i_5 + \cdots = \sum_{j=1}^{n} i_j = 0 \tag{4.1}$$

電流の向きがわからないときは，流入・流出の向きをどちらかに仮定して式を立て，解を求めて，その符号が正ならば仮定した向きと同じ，負ならば逆方向とすればよい。

電圧則：図 4.2 に示すように，回路中の任意の閉路内に生じる電圧降下と閉路内の起電力の代数和はつねに 0 である。

式で表すと，ループの矢印の向きに加算して

$$v_1 + v_2 + (-v_3) + v_4 + v_5 + e + \cdots = \sum_{j=1}^{n} (v_j + e_j) = 0 \tag{4.2}$$

電圧の極性の向きは，流れる電流の向きによって決まるが，電流の場合と同様に解を求めて電圧の符号が負となった場合，仮定した電流の向きおよび電圧の

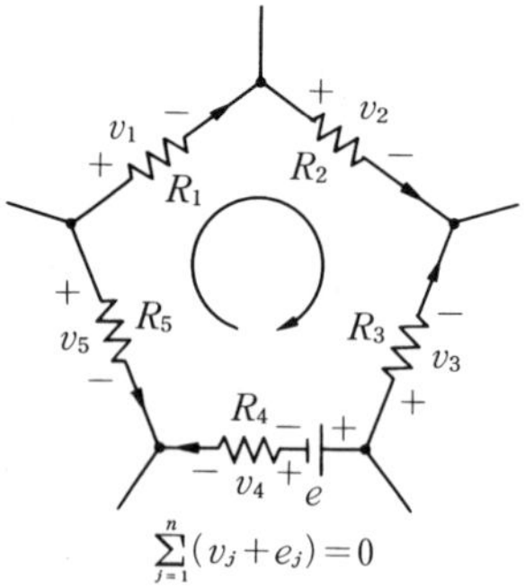

図 4.2　キルヒホッフの法則（電圧則）

極性は逆方向である。

4.1.2　分流器と倍率器

ディジタルマルチメータを含めた指示計器に流せる電流は，数十 mA 程度に過ぎないので，大きな電流を測定するときには，**図 4.3** に示すようなシャント抵抗 R_S を並列に挿入して使用する。これを分流器といい，電流の測定範囲を広げることができる。測定したい電流を I，電流計へ流れる電流を I_0 とすると

$$I=\frac{r_a+R_S}{R_S}I_0=MI_0 \tag{4.3}$$

$$I_0=\left(\frac{1}{M}\right)I \tag{4.4}$$

となる。r_a は電流計の内部抵抗である。M は分流器の倍率といい，大きな電流 I を $1/M$ にして測定できる。

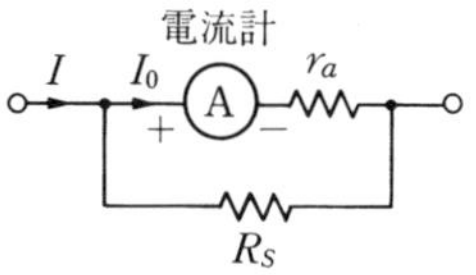

図 4.3　電流計と分流器 R_S の接続

一方，高い電圧を測定したい場合には，**図 4.4** に示すように電圧計に直列に抵抗 R_M を挿入して使用する。これを倍率器といい，電圧の測定範囲を広げることができる。図の回路の両端子に測定電圧 V を加えると，電圧計の指示値 V_0 に対して

$$V=\frac{r_v+R_M}{r_v}V_0=M'V_0 \tag{4.5}$$

$$V_0=\left(\frac{1}{M'}\right)V \tag{4.6}$$

となる。r_v は電圧計の内部抵抗である。M' は倍率器の倍率といい，高い電圧 V を $1/M'$ にして測定できる。

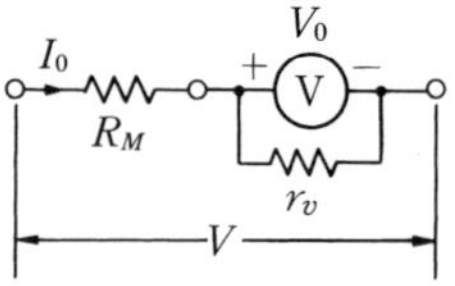

図 4.4　電圧計と倍率器 R_M の接続

4.2 実　験　方　法

実験［1］ 抵抗直・並列回路の電流・電圧測定と合成抵抗の算出

ブレッドボードを使って**図 4.5**(a) または (b) の回路を構成する。ディジタルマルチメータの電源を入れ，測定項目および測定範囲（レンジ）の選択を行う。直流電流，直流電圧の測定項目とレンジを決めて，スイッチのつまみを合わせる。あらかじめ，回路に流れる電流と各枝の電圧を理論的に予測しておく。直流の測定であるからテスト棒を＋と－の極性に注意して測定点に接触させて以下の項目について測定する。

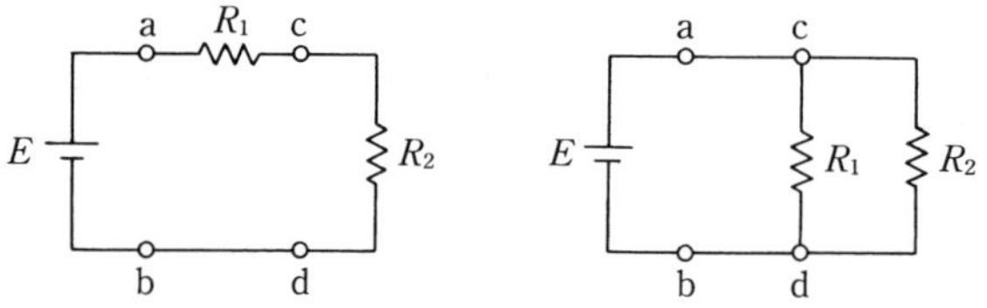

（a） 抵抗の直列接続　　（b） 抵抗の並列接続

図 4.5　抵抗回路の電流，電圧測定

（1） あらかじめ回路網を構成する抵抗素子の抵抗値をディジタルマルチメータで測定しておく。

（2） 測定項目を直流電圧にして，回路の a-b 間の端子電圧，すなわち電源電圧 E を測定する。電圧の値を変化させて測定を繰り返す。また，a-b 間を開放し，負荷抵抗を接続しないときの E を測定し，比較する。

（3） 同様に抵抗の端子電圧を測定する。図（a）の回路では a-c 間と c-d 間，図（b）の回路では c-d 間にテスト棒を接触させる。

（4） 測定項目を直流電流にして，各回路のb-d間の結線をはずし，この間にテスト棒を接触させ，回路に流れる電流を測定する。図(b)の抵抗 R_1，R_2 に流れる電流を測定するには，各抵抗に電流計を直列に挿入して測ればよい。

（5） 以上の結果から，キルヒホッフの電流則，電圧則が成り立つことを確かめるとともに各回路（抵抗の直列接続および並列接続）の合成抵抗を求める。

（6） ブレッドボードを使って新たに**図4.6**(a)，(b)の回路を構成し，電源電圧，電源から流れる電流，各抵抗素子に流れる電流と端子電圧をそれぞれ測定し，キルヒホッフの電流則，電圧則が成り立つことを確かめるとともに各回路の合成抵抗を求める。

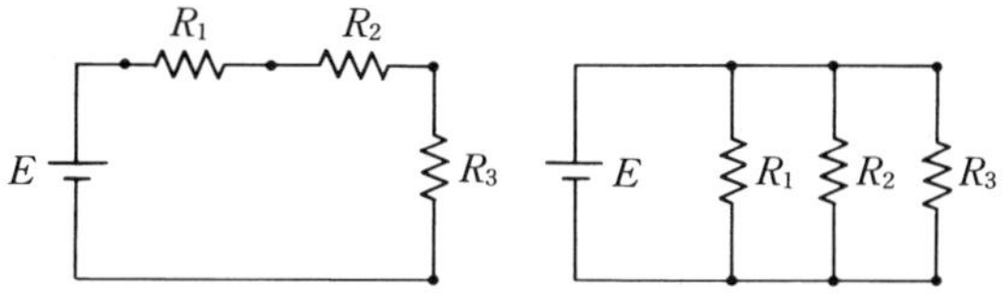

（a） 抵抗の直列接続　　（b） 抵抗の並列接続

図4.6 抵抗回路の電流，電圧測定

実験［2］ 複雑な抵抗回路網の電流・電圧測定

（1） ブレッドボード上に**図4.7**(a)，(b)の抵抗回路網を構成し，ディジタルマルチメータを使って実験［1］と同様に各部の電流，電圧を測定する。各回路中の電流と電圧の関係を調べ，キルヒホッフの電流則，電圧則が成り立つことを確かめる。

（2） 図(c)の回路をブリッジ回路（ホイートストンブリッジ）というが，$R_1 \cdot R_4 = R_2 \cdot R_3$ あるいは $R_1 \cdot R_4 \neq R_2 \cdot R_3$ の条件を満たす抵抗の組合せについて電流，電圧の測定を行い，特に $R_1 \cdot R_4 = R_2 \cdot R_3$ のとき R_5 の端子電圧が0になることを確かめる。なお，あらかじめ回路網を構成する抵抗素子の抵抗値をディジタルマルチメータで測定しておく。

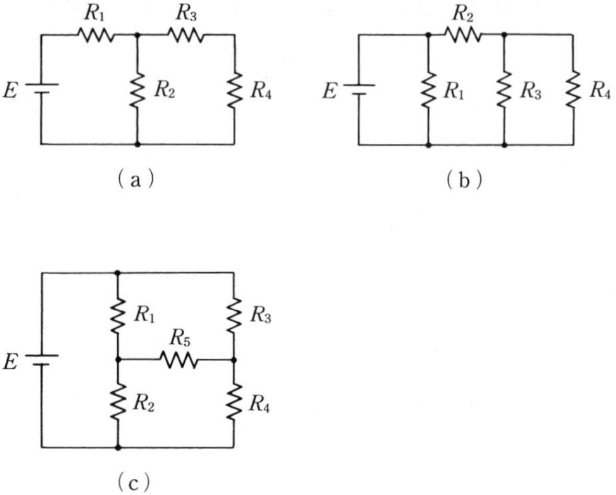

図 4.7　抵抗回路網の電流，電圧測定

実験［3］　分流器，倍率器の使い方と測定範囲を拡大した電流・電圧の測定

（1）　ディジタルマルチメータを用いた電流計と電圧計の測定範囲を拡大するために分流器と倍率器を使い，それぞれの原理を理解する。**図 4.8**(a)の回路を構成し，可変抵抗 R_P の値を調整し，電流計 A および A_0 の指示値 I と I_0 をそれぞれ測定する。I と I_0 から分流器の倍率 M を求めるとともに I，I_0 と分流器の抵抗 R_S の値から，式(4.3)を使って電流計の内部抵抗 r_a を求める。R_P の値を調整して電流計 A の指示値を変化させて I と I_0 の関係を求める。

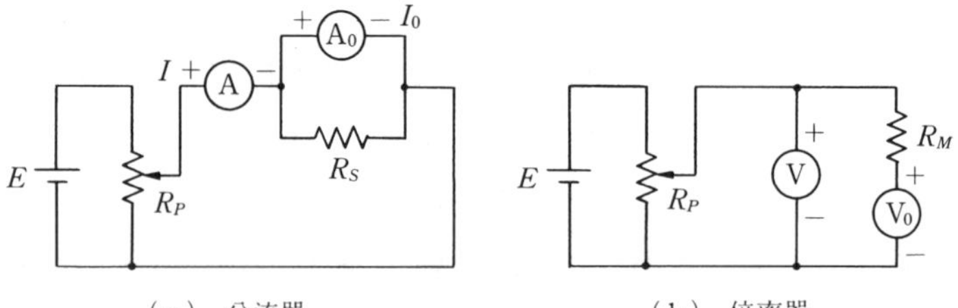

（a）　分流器　　　　（b）　倍率器

図 4.8　分流器と倍率器による電流，電圧の拡大測定
（指示計器の内部抵抗は除いて図示してある）

（2） 図（b）の回路を構成し，可変抵抗 R_P の値を調整し，電圧計VおよびV_0の指示値 V と V_0 をそれぞれ測定する。V と V_0 から倍率器の倍率 M' を求めるとともに V，V_0 と倍率器の抵抗 R_M の値から，式(4.5)を使って電圧計の内部抵抗 r_vを求める。R_P の値を調整して電圧計Vの指示値を変化させて V と V_0 の関係を求める。

4.3 実験装置・使用器具

（1） 直流安定化電源（0～15V，0～5A）または乾電池（1.5V）

（2） ディジタルマルチメータ，ディジタルテスタまたはテスタ（アナログ式）

（3） ブレッドボード，リード線

（4） 測定抵抗素子（10Ω～500kΩ）

（5） 可変抵抗素子

4.4 報　告　事　項

（1） 目的，原理および実験方法（日時，室温，使用器具名，配線図等）を明記する。

（2） 実験結果を図表にして報告書に挿入する。実験［1］について，任意の電源電圧に対する各回路内の電流，電圧の測定値を表にまとめる。また，理論値をキルヒホッフの法則を使って計算し，測定値と理論値を比較し，キルヒホッフの法則が成り立つことを確認する。

（3） 実験［1］の結果から，抵抗の直列接続回路および並列接続回路の合成抵抗を求め，あらかじめ測定しておいた各抵抗値を使って理論的に求めた値と比較する。

（4） 実験［2］について，各回路内の電流，電圧の測定値を表にまとめる。理論値をキルヒホッフの法則を使って計算し，測定値と理論値を比較し，キルヒホッフの法則が成り立つことを確認する。ブリッジ回路の $R_1 \cdot R_4 = R_2 \cdot R_3$ と $R_1 \cdot R_4 \neq R_2 \cdot R_3$ の条件の違いによる電流，電圧の関係を比較する。

（5）　実験［3］について，図4.8(a)，(b)の回路から得られる結果を表にまとめる。電流 I と I_0 の関係および電圧 V と V_0 の関係を方眼紙にプロットし，分流器および倍率器の倍率 M と M' を求める。分流器と倍率器を使うことにより最大指示値の小さな電流計や電圧計でも大きな電流や高い電圧が測定できることを示す。

（6）　実験［3］で求めた指示計器の内部抵抗 r_a と r_v を明記し，分流器および倍率器の倍率 M，M' と抵抗 R_S，R_M の関係を調べる。

4.5　考　察　事　項

（1）　実験結果に関する考察を行う。特に測定項目に対するディジタルマルチメータの使い方と接続の仕方について考察する。電流を測定するとき，テスト棒を測定部位に直列に挿入する理由，電圧を測定するとき測定部位に並列に接続する理由を考察する。

（2）　オームの法則とキルヒホッフの法則について理論値と実測値を比較しながら考察する。

（3）　図4.5の回路で電源電圧の電圧値が2倍になったとき，一方，抵抗 R_1 が半分（0.5倍）になったとき，各部の電流，電圧はどうなるか考察する。

（4）　ブリッジ回路の平衡条件 $R_1 \cdot R_4 = R_2 \cdot R_3$ が成り立つとき，R_5 の端子電圧が0になり，R_5 に流れる電流が0となることを理論的に考察する。

（5）　指示計器で測定範囲を広げるためにどのような対策をしているか，許容値を超えた電流，電圧を測定するための分流，倍率の意味を考察する。

（6）　式(4.3)と式(4.5)の内部抵抗 r_a と r_v，倍率 M，M'，抵抗 R_S，R_M の関係を考察し，r_a に対して R_S，r_v に対して R_M はどのような値であればよいかを考える。

4.6　注　意　事　項

（1）　ディジタルマルチメータやテスタを使用する場合，実験を開始する前に必ず取扱説明書を読む。

（2） ディジタルマルチメータやテスタの測定項目およびレンジの選択を行うにあたり，あらかじめ回路に流れる電流と各枝の電圧を理論的に予測しておく。必ず予測値よりも大きめのレンジを選ぶほうがよい。まったく不明のときは最大レンジを選ぶ。

（3） 複雑な回路網を構成するときには，回路の配線を間違えないようにして，測定を開始する前に回路チェックを綿密に行う。

（4） 事前に測定する項目と測定部位を検討しておき，測定もれのないように心がける。

（5） 直流電流・電圧を測定する場合，電流の流れる方向および電圧の極性をよく考え，その極性にあわせてテスト棒の＋と－端子を接続するように注意する。

（6） 分流器と倍率器を構成するとき，それぞれの抵抗 R_S と R_M をどのような値にするべきかを事前に考えておく。

5 ホイートストンブリッジによる抵抗とセンサ特性の測定

ホイートストンブリッジ（Wheatstone bridge）は，抵抗を精密に測定する目的で考え出された抵抗回路網の一つであるが，他の精密計器を利用することが多くなり，使用頻度は減っている。しかし，キルヒホッフの法則を理解するうえで，また抵抗値の精密測定やその原理を利用したセンサ回路に使われるので，その取扱いを学ぶことは重要である。

本実験では，ホイートストンブリッジの原理を理解し，これによって抵抗を測定する方法を習得する。また，ホイートストンブリッジを用いてサーミスタの温度に対する抵抗特性および CdS セルの光量に対する抵抗特性を測定し，センサとしての応用を考える。

5.1 原　　理

5.1.1 ホイートストンブリッジ

抵抗を測定する場合，電流計と電圧計を用いて電流と電圧を測定し，オームの法則に基づいて抵抗値を計算すればよい。しかし，実際の指示計器には内部抵抗が存在するので，誤差が含まれて正確な抵抗測定をするには工夫を必要とする。ホイートストンブリッジは，抵抗を精密測定するのに広く利用される回路（ブリッジ回路ともいう）であり，おもに中位の抵抗（$10 \sim 10^4\,\Omega$ 程度）を測定するのに使用される。

図 5.1 に示すように，四つの抵抗 $R_1 \sim R_4$ をブリッジ状に組み，a-c 間に電

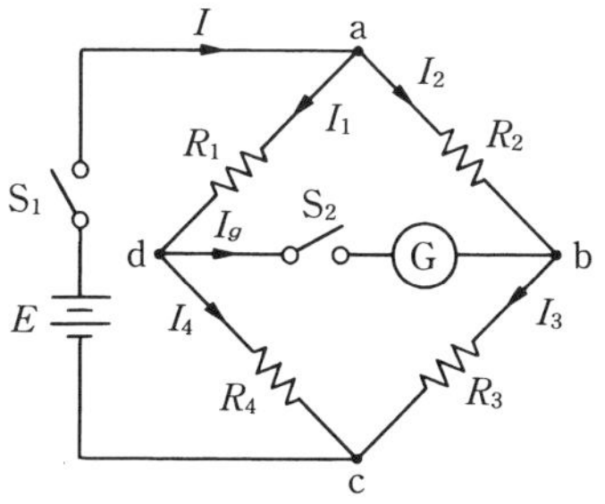

図 5.1　ホイートストンブリッジ

池 E を接続し，b-d 間に電流計 G を挿入する。S_1，S_2 はスイッチであるが，これを閉じると G に流れる電流 I_g は

$$I_g=\frac{(R_2R_4-R_1R_3)\cdot E}{R_1(R_3+R_4)(R_2+R_3)+R_2R_3R_4-R_1R_3{}^2} \tag{5.1}$$

となる。b と d の端子電圧が等しい（b と d が同電位）ならば，電流計 G には電流は流れない。$I_g=0$，すなわち，式(5.1)において $(R_1R_3-R_2R_4)=0$ であるから，四つの抵抗値の間にはつぎの関係がある。

$$R_1\cdot R_3=R_2\cdot R_4 \quad \text{または} \quad \frac{R_1}{R_4}=\frac{R_2}{R_3} \tag{5.2}$$

この状態をブリッジが平衡したという。ここで，R_2 が未知の抵抗 R_x であるとすると

$$R_x=R_2=\left(\frac{R_1}{R_4}\right)\cdot R_3 \tag{5.3}$$

となり，R_1，R_3，R_4 の値から精度よく R_x が求められる。あらかじめ高精度の固定抵抗 R_1，R_4 と可変抵抗 R_3 を用意しておき，R_3 を調節して電流計の振れを 0 にして未知抵抗を求めるもので，このような方法を**零位法**という。

5.1.2　サーミスタ

物質は電荷の動きやすさと電荷担体（キャリヤ）の数とによって導体，半導体，絶縁物に分類できる。一般に金属や半導体の抵抗は温度とともに変化する。金属の電気抵抗 R〔Ω〕は普通温度の上昇とともに増加し，その温度依存

性は室温付近では

$$R = R_0\{1 + \alpha(t - t_0)\} \tag{5.4}$$

で表される。ここで，t は試料の温度〔°C〕，R_0 は t_0〔°C〕のときの抵抗値〔Ω〕，α は抵抗の温度係数〔1/°C〕である。

一方，サーミスタは Ni，Mn，Co，Fe，Cu などの酸化物を混合し，焼結・成形した半導体素子であり，金属に比べ大きな温度係数を持っている。半導体中の電荷量は，温度の上昇に伴い指数関数的に急激に増加する。したがって半導体の電気伝導度は温度の上昇に伴い増加し，逆に電気抵抗は指数関数的に減少する。半導体の抵抗値 R〔Ω〕は温度 T〔K〕に対して

$$R = R_0 \exp\left\{B\left(\frac{1}{T} - \frac{1}{T_0}\right)\right\} \tag{5.5}$$

と表される。ここで，R_0 は温度 T_0〔K〕のときの抵抗，B はサーミスタ定数〔1/K〕である。

サーミスタのような抵抗値が温度によって著しく変化する素子をブリッジ回路に挿入して，抵抗値の変化により電流計に流れる電流 I_g を測定したり，ブリッジ回路の b-d 間の不平衡電圧を測定して温度を知るのが電気抵抗変化を利用した温度センサである。抵抗の温度係数が大きいほど，微小な温度変化に対してもブリッジ回路が不平衡になり，高い感度で温度変化が検出できる。

5.1.3 CdS セル

CdS（硫化カドミウム）セルは，半導体を利用した光導電素子であり，フォトンが入射すると価電子帯の電子や不純物準位にある電子が伝導帯に励起され，導電率を増加する。この現象を光導電効果といい，このような半導体素子を光導電セルともいう。ブリッジ回路の一辺に CdS セルを接続し，光を照射すると光量によって電気抵抗が変化するので，不平衡電流または電圧を測定することによって光センサとしての応用が可能になる。

5.2 実験方法

実験［1］ 抵抗値の測定

図5.1のブリッジ回路を構成し，ブリッジの各辺に既知抵抗 R_1，R_4 と可変抵抗 R_3，そして R_2 のところに未知抵抗 R_x を接続する。押しボタンスイッチ S_1，S_2 を押して，R_3 を調節しながら電流計の指示値を0にして，式(5.3)の関係から未知抵抗 R_x を測定する。10種類の未知抵抗 R_x を選び，それぞれの抵抗値を求める。測定値と公称値を比較し，その誤差と抵抗の許容差を比較検討する。

実験［2］ サーミスタの抵抗値と温度センサ特性の測定

（1） 未知抵抗としてサーミスタをブリッジ回路の測定辺に接続する。室温の状態で実験［1］と同様にサーミスタの抵抗値を測定するとともに，温度計で室温を測定しておく。

（2） ビーカに氷を入れ，温度計で0℃になっていることを確認した後，ブリッジ回路に接続したサーミスタの抵抗を測定する。続いて，水あるいは湯を注ぎ，0℃～40℃の範囲で徐々に水温を上昇させていく。そのつど水温とサーミスタの抵抗値を測定し，サーミスタ抵抗の温度特性を求める。

（3） 上記の方法を使い，0℃のときにブリッジの平衡をとり，$I_g=0$ になっていることを確認する。続いて，回路の抵抗 R_1，R_3，R_4 の値を変えずに水温を上昇させていき，検流計に流れる不平衡電流 I_g を測定する。温度変化に対する不平衡電流の特性（校正曲線）を求め，温度センサとしての特性を検討する。

（4） 既知抵抗の比 R_1/R_4 だけを変えて（3）と同様の実験を行い，R_1/R_4 の値によって測定感度が変わることを確認する。サーミスタ素子を手で握り，実測した電流値から校正曲線を使って体温を測定する。

実験［3］ CdSセルの抵抗値と光センサ特性の測定

（1） CdSセルをブリッジ回路の測定辺に接続し，セルの表面を覆い，光が入射しない状態でブリッジの平衡をとり，CdSセルの抵抗値を測定する。

また，覆いを取り除き，室内の明るさの中で同様にCdSセルの抵抗値を測定する。

（2） 小さな電球を点灯し，適当な距離にCdSセルを設置する。その状態でブリッジの平衡をとり，続いて，CdSセルの表面を薬包紙で1枚ずつ覆い，そのつどブリッジの平衡をとりCdSセルの抵抗値を測定し，薬包紙の枚数と抵抗値の関係を求める。

（3） CdSセルを薬包紙で覆わない状態でブリッジの平衡をとり，$I_g=0$ になっていることを確認する。続いて回路の抵抗 R_1，R_3，R_4 の値を変えずに薬包紙を1枚ずつ重ねていき，電流計に流れる不平衡電流 I_g を測定する。光量に対する不平衡電流特性（校正曲線）を求め，光センサとしての特性を検討する。

5.3 実験装置・使用器具

（1） ホイートストンブリッジ回路（ブレッドボードを利用）
（2） 精密抵抗素子（10 Ω ～ 100 kΩ 程度, ±1%）
（3） ダイヤル式可変抵抗器
（4） 直流電圧源または乾電池（3 V）
（5） ブレッドボード，リード線
（6） ディジタルマルチメータまたは電流計（アナログ式）
（7） 押しボタンスイッチ
（8） サーミスタ
（9） CdSセル
（10） 小型電球と電球スタンド
（11） 温度計，ビーカ，水槽，ポット，氷

5.4 報 告 事 項

（1） 目的，原理および実験方法（日時，室温，使用器具名，配線図等）を明記する。

（2） 実験結果を図表にして報告書に挿入する。

（3） 実験［1］について，実測した可変抵抗 R_3 の値から式(5.3)を使って10種類の未知抵抗 R_x の値を求める。使用した既知抵抗 R_1，R_4 を明記し，実測抵抗 R_3，計算した未知抵抗 R_x，R_x の公称値，計算値と公称値の誤差(%)，許容差（%）を表にまとめる。

（4） 実験［2］について，温度に対するサーミスタの抵抗値を表にまとめる。

（5） 片対数グラフの横軸に水温，縦軸（対数軸）にサーミスタの抵抗値をプロットし，サーミスタの温度特性を示す。また，グラフの傾きからサーミスタ定数を求める。

（6） 同様に R_1/R_4 をパラメータとして，水温に対する不平衡電流の関係をグラフにし，サーミスタ温度計としての校正曲線を示す。体温を測定した結果を明記する。

（7） 実験［3］について，光量に対するCdSセルの抵抗値を表にまとめる。

（8） 片対数グラフの横軸に光量，縦軸（対数軸）にCdSセルの抵抗値をプロットし，CdSセルの光強度特性を示す。

（9） 光量に対する不平衡電流の関係をグラフにし，CdSセルの光センサとしての校正曲線を示す。

5.5 考 察 事 項

（1） 実験結果に関する考察を行う。

（2） 未知抵抗の実測値と公称値について，その誤差と許容差の関係を検討する。

（3） 零位法とはどういう測定法であるかを考察し，ホイートストンブリッジで高精度に抵抗が測定できる理由を考える。また，R_1/R_4 の値が測定感度となる理由を考察する。

（4） サーミスタの抵抗が温度によって変化する理由と特性について考察す

る。

（5） CdS セルの抵抗が光量によって変化する理由と特性について考察する。

（6） 金属抵抗と半導体抵抗の電気物性の違いを考察する。

（7） サーミスタ・温度センサと CdS セル・光センサの特徴，利点と欠点を考察し，その他のセンサと比較検討する。

（8） ホイートストンブリッジの基本原理を考察し，キルヒホッフの法則を用いて式(5.1)が成立することを証明する。

（9） ブリッジ回路の押しボタンスイッチを押す順序について考察する。

5.6 注 意 事 項

（1） 既知抵抗として使う R_1，R_4 の抵抗値はあらかじめテスタで測定しておくとよい。

（2） 直流電圧源あるいは乾電池の性能と極性を確かめる。

（3） 押しボタンスイッチを押す場合，必ず電池側の S_1 を先に押し，つぎに電流計側の S_2 を押す。また，押しボタンスイッチを開く場合は，これの逆にすることを心がける。

（4） 電流計には過大電流を流さないように，あらかじめブリッジ辺に接続する各抵抗の値から電流値を推定しておく。

6　オシロスコープの使い方と電気信号の観測

オシロスコープは電圧や電流波形の時間変動をブラウン管の画面上に可視化するものである。オシロスコープの原理と構成を理解し，その使用法を習得する。発振器の出力波形を観測し，正弦波および方形波電圧の振幅と周波数を測定する。また実効値と最大値の関係を理解する。

6.1　原　　　理

オシロスコープは，時間的に変化する電気信号をブラウン管の画面上に図形として表示し，観測する装置である。**図 6.1** はオシロスコープの内部にあるブラウン管の原理図である。

フィラメントに電流を流し，カソード K を加熱すると熱電子が放出される。

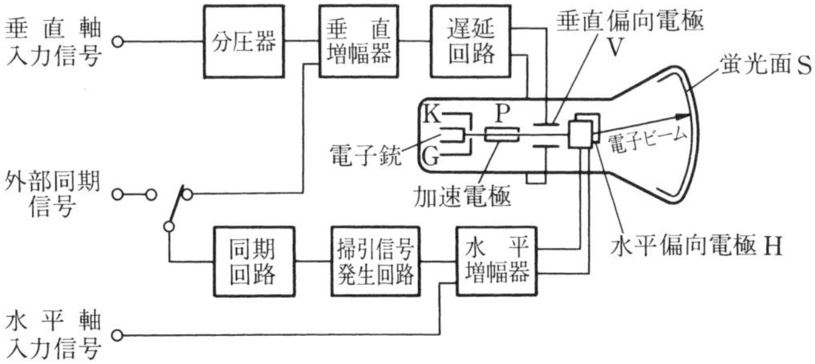

図 6.1　オシロスコープの基本構成

放出された電子はプレートＰに加わる高電圧で加速され，集束されてＰの中央の小孔を通って電子ビームとなって前方に進む。これらの部分は電子銃と呼ばれる。放出された電子ビームが蛍光面Ｓにあたると，電子の持っていた運動エネルギーが光のエネルギーに変わり，その点で蛍光を発する。垂直偏向電極Ｖ，水平偏向電極Ｈに電圧をかけると，その電界によって電子ビームがそれぞれの方向に曲げられる。結果として，蛍光面上の輝点の位置が偏向電圧に比例して変化する。垂直偏向電極に信号電圧を加えると，輝点は信号に応じて垂直に動く。水平偏向電極には時間とともに直線的に変化するのこぎり歯状の電圧を周期的に加え，輝点を左から右へ動かす。こののこぎり歯状の信号を掃引信号という。したがって，画面の横軸は波形の時間軸，縦軸は波形の振幅軸となる。同期回路とトリガ回路により入力信号の周波数にあわせた同期パルスを発生させ，入力波形の表示開始点を定めるために掃引の開始をトリガパルスによって行う。電子ビームの強さ，したがって輝点の明るさは，グリッドＧに加える負の電圧を変えることによって調節する。時間軸信号の代わりに水平軸に信号を入れると，画面には垂直軸信号との合成波形が観測される。この図形をリサージュ図形という。

図 6.2 はオシロスコープの前面の画面と操作パネルを示したものである。各社からいろいろな製品が販売されているが，操作方法については大差ない。操

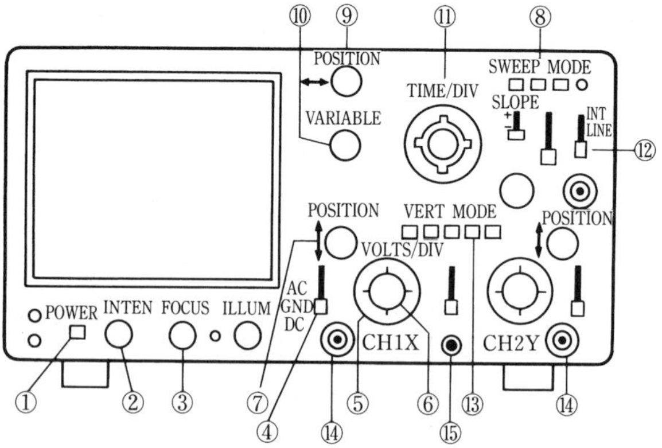

図 6.2　オシロスコープの操作パネル（菊水電子 COS-5020 TM 型）

作パネルについているスイッチやつまみの取扱いについては，用意されている取扱説明書をよく読み，参考にしてほしい。ここでは，必要なスイッチとつまみの役割を簡単に記述しておく。

① POWER：電源スイッチ

スイッチを押すと電源が入り，再度押すと電源が切れる。

② INTEN（intensity）：輝度調節用つまみ

つまみを右に回すと輝度が明るくなる。

③ FOCUS：電子ビームの集束（焦点）調整用つまみ

このつまみを回して電子ビームの焦点を調整し，輝点を最も小さく明るくする。

④ AC-GND-DC：交流，接地，直流の選択用スイッチ

AC にセットしておくと入力信号の交流成分だけを取り出し，直流分はカットされる。GND にセットすると接地され，輝線は水平状態になる。

⑤ VOLT/DIV：垂直感度調節用つまみ

入力に対して垂直軸の振幅範囲を選択するのに利用する。例えば 10 V にセットすると輝点が 10 V で 1 目盛（1 cm）振れる。

⑥ VARIABLE：⑤と同軸で中央にある振幅を調整するつまみ

右回し一杯にすると，感度が ⑤ で指定する値になる。

⑦ ⇕ POSITION：信号波形の上下位置調整つまみ

このつまみを左右に回すと，輝線または観測される信号波形を上下に動かすことができる。

⑧ SWEEP MODE：同期掃引調整つまみ

波形曲線のどの部分で，輝点の掃引（水平移動）を開始するかを決定する。これを同期掃引というが，このスイッチを AUTO に入れると，入力信号がなくても輝点の左から右への掃引が自動的に繰り返される。これを free running といい，右から左へ向かう輝点の復帰は瞬間的に行われる。また，入力信号を入れると自動的に同期掃引に切り換わる。入力信号のないとき，輝点を静止させるとその部分の蛍光面が焼損する。これを防止す

るために free running を行う。

⑨ ⇔ POSITION：信号波形の左右位置調整つまみ

このつまみを左右に回すと，それぞれ信号波形が左右に移動する。

⑩ VARIABLE：水平掃引時間調整つまみ

このつまみを左右に回して掃引時間の微調整に使う。右回しに一杯に回しておくと水平掃引時間が，⑪の SWEEP TIME/DIV つまみの示す値になる。また，軽く手前に引くと，波形が左右に広がって 10 倍に拡大される（PULL×10 MAG はこの意味）。

⑪ SWEEP TIME/DIV：水平掃引時間切換え用つまみ

輝点の水平掃引時間を決める切換えつまみであり，例えば 1 ms にセットすると，輝点の掃引時間が蛍光面（画面）上の 1 目盛（1 cm）につき 1/1 000 秒となる。

⑫ SOURCE：同期信号切換え用スイッチ

INT（internal）にセットしておくと，観測しようとする信号自身に同期した掃引が行われる。LINE にしておくと，ライン（電源）信号がトリガ信号となり，これに同期して掃引が行われる。

⑬ VERT MODE：垂直軸の動作方式を切り換えるスイッチ

CH1（チャンネル 1）を押すと CH1 のみが動作する。CH2 を押すと CH2 のみが動作する。ALT にすると CH1 と CH2 が交互に掃引する。CHOP にするとチャンネル間を約 250 kHz の繰り返しで交互に切り換えて掃引する。

⑭ CH1，CH2：入力端子

CH1 および CH2 の入力端子であり，測定用プローブをこの端子に接続する。

⑮ 接地端子

本体の接地端子であり，接地することにより雑音の影響を軽減する。

プローブは被測定回路からの信号をオシロスコープに伝送するための接続端子であり，10：1（×10）の減衰率を持った電圧プローブが一般的に多く使われている。観測信号は実際の信号の 1/10 で表示されるので，真の入力電圧は観測値を 10 倍しなければならない。プローブには×1,×10 の切り換え可能なものがあり，切換えつまみがどちらになっているかを事前にチェックしておく。また，プローブを使用する際には最初にプローブの容量を補正することが必要である。オシロスコープの校正信号出力にプローブを接続して，プローブ内の容量補正つまみを回して，正しい方形波を表示するように調整する。

6.2 実 験 方 法

実験［1］ 電圧の測定

（1） 直流電圧の測定

測定に先立ち，オシロスコープのつまみ④を GND（接地）にして輝線を 0 V の基準位置にしておく。乾電池などの直流電源にプローブを接触させ，輝線の振れから直流電圧を測定する。観測した輝線の位置から次式で電圧を求める。

$$\text{電圧〔V〕} = \text{VOLT/DIV の指示値〔V/cm〕} \times \text{画面の振幅〔cm〕} \times \text{プローブの減衰率の逆数} \tag{6.1}$$

（2） 正弦波と方形波の電圧振幅の測定

オシロスコープを用いて，ファンクションジェネレータの出力波形を観測し，低周波（1 kHz）の正弦波および方形波電圧の振幅を測定する。画面の波形を半透明の方眼紙あるいは薬包紙を使って写し取るとよい。このとき，横軸と縦軸のスケールも同時に記録する。続いて，ディジタルマルチメータを使って正弦波と方形波の電圧の実効値を測定し，オシロスコープで観測された電圧の波高値（最大値）と比較検討する。電圧の振幅は式(6.1)を使って求める。正弦波の全体の振れ幅は，peak-to-peak 値（ピークピーク値）といい，この値の 1/2 が波高値（最大値）である。

実験［2］ 時間の測定

（1） 正弦波の周期（周波数）の測定

正弦波の振幅を一定（1 V 程度）にして，観測される波形から 1 周期の長さを読み取り，次式を用いて周期を計算する。周波数〔Hz〕は周期の逆数から求める。

時間〔s〕＝TIME/DIV の指示値〔s/cm〕
×画面上の被測定時間幅〔cm〕　(6.2)

画面の波形を半透明の方眼紙あるいは薬包紙を使って写し取る。横軸と縦軸のスケールも同時に記録する。

（2） 方形波の周波数とパルス幅の測定

方形波の振幅を一定(1V 程度)にして，観測される波形から上式を用いて方形波の周期(周波数)とパルス幅を求める。パルス幅の定義は，パルス振幅の 50 % のレベルを通過する 2 点間の時間幅である。画面の波形を半透明の方眼紙あるいは薬包紙を使って写し取る。横軸と縦軸のスケールも同時に記録する。

実験［3］ リサージュ波形の観測と位相の測定

図 6.3 に示す RC 回路にファンクションジェネレータの正弦波電圧 E を加え，各素子の端子電圧 V_R と V_C を，または E と V_R，あるいは E と V_C を 2 現象オシロスコープの入力端子に入力して，リサージュ図形を表示する。

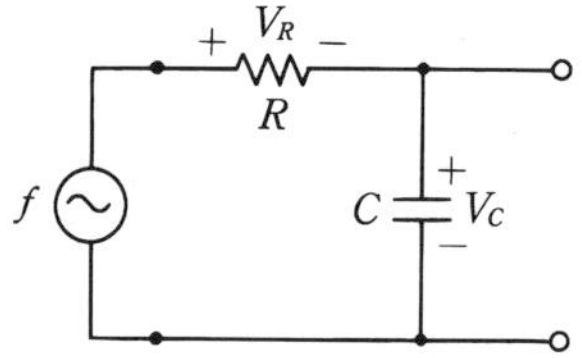

図 6.3　リサージュ図形観測用 RC 回路

E と V_R の位相差 θ_R，E と V_C の位相差 θ_C，V_R と V_C の位相差 $\theta_R-\theta_C$ はそれぞれ

$$\theta_R=\tan^{-1}\frac{1}{2\pi fCR},\quad \theta_C=\tan^{-1}2\pi fCR,\quad \theta_R-\theta_C=\tan^{-1}\frac{\pi}{2} \qquad (6.3)$$

で与えられる。実験的には各電圧の組合せをオシロスコープの二つの入力端子に入力し，**図 6.4** に示したリサージュ図形の横軸と縦軸の値から，両者の電圧の位相差 θ は次式によって求められる。

$$\theta=\sin^{-1}\frac{x_2}{x_1} \quad または \quad \theta=\cos^{-1}\frac{y_1}{x_1} \qquad (6.4)$$

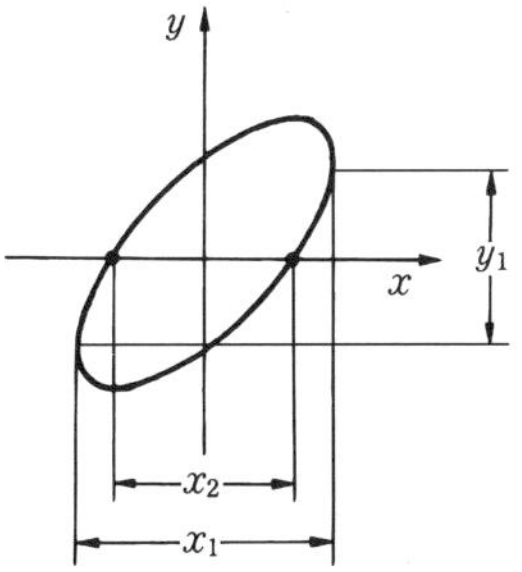

図 6.4　リサージュ図形

① 抵抗 R とコンデンサ C を適当に選んで，周波数 f を変えて，リサージュ図形を描き，半透明の方眼紙または薬包紙に写し取る。式(6.4)を使って位相差 θ を求める。

② $C=0.22$〔μF〕，$f=10$〔kHz〕一定として，抵抗 R の値を変化させてリサージュ図形を表示し記録する。あるいは，$R=50$〔Ω〕，$f=100$〔kHz〕一定として，コンデンサ C の値を変化させてリサージュ図形を表示し記録する。式(6.4)を使って位相差 θ を求める。

③ オシロスコープの 2 端子に周波数比が整数比になる二つの正弦波入力を加え，生じるリサージュ図形を観測し，周波数比と位相差の関係から図形がどう変化するかを記録する。

6.3　実験装置・使用器具

（1）　2 現象オシロスコープとプローブ

（2）　ファンクションジェネレータ

（3）　ディジタルマルチメータまたはテスタ

（4）　直流電圧源あるいは乾電池

（5）　RC 回路（ブレッドボードを利用）

（6）　ブレッドボード，リード線

（7）　抵抗素子（20，30，50，100，200，500 Ω）

（8）　コンデンサ（0.01，0.02，0.047，0.1，0.22 μF）

6.4 報告事項

（1） 目的，原理および実験方法（日時，室温，使用器具名，配線図等）を明記する。

（2） 実験結果を図表にして報告書に挿入する。

（3） 正弦波の振幅を何種類か変えて，それぞれの peak-to-peak 値，波高値とテスタで測定した実効値を表にまとめる。また，半透明紙に写した波形を整理して添付する。

（4） 方形波の振幅を何種類か変えて，それぞれの peak-to-peak 値と波高値および実効値を表にまとめる。また，半透明紙に写した波形を整理して添付する。

（5） 正弦波と方形波の周波数を何種類か変えて，測定したそれぞれの周期（周波数）あるいはパルス幅を表にまとめる。ファンクションジェネレータで設定した周波数もあわせて報告する。また，半透明紙に写し取った波形を整理して添付する。

（6） リサージュ図形から求めた位相差と式(6.3)の理論値を比較し，表にまとめる。半透明紙に写し取った波形を整理して添付する。

（7） 周波数比が整数比になる二つの正弦波入力から得られたリサージュ図形を整理して報告書に挿入する。

6.5 考察事項

（1） 実験結果に関する考察を行う。

（2） オシロスコープで測定した電圧の peak-to-peak 値，波高値と実効値を比較検討し，理論的にも考察する。方形波の実効値を理論的に求める。

（3） オシロスコープで測定した正弦波，方形波の周波数とファンクションジェネレータで設定した周波数とどの程度一致しているかを比較し，検討する。

（4） 位相差を求める式(6.3)と(6.4)を理論的に考察する。

（5） オシロスコープの原理・構成とさまざまな機能について考察する。

（6） プローブを使用することによって信号源に対する負荷効果が軽減することについて，プローブ使用の有効性を考察する。

（7） オシロスコープに内蔵する校正信号出力の使い方について考察する。

（8） シンクロスコープや，超低周波や超高周波の波形を観測するための特殊なオシロスコープについて調べる。

（9） その他の周波数や位相の測定法を調べる。

6.6 注　意　事　項

（1） オシロスコープの使い方は，いろいろなスイッチやつまみがあるので操作に慣れるまで難しいことが多い。事前に取扱説明書をよく読んでから実験に入ることを心がける。

（2） 輝線の傾きが水平軸に対して斜めになっているときには，TRACE ROTATION と称する小さなつまみを時計ドライバで回して水平になるよう調整する。

（3） 被測定信号に応じて電圧振幅，掃引時間（周波数）の測定レンジ（⑤と ⑪ のつまみ）を適切に選択して実験を行わなければならない。

7 RC 回路の過渡応答と微分・積分特性の測定

抵抗 R とコンデンサ C からなる RC 回路を構成し，これに方形波または正弦波電圧を加え，過渡特性，微分・積分回路の周波数特性を測定し，RC 回路の動作を理解する。また抵抗 R とインダクタンス L からなる RL 回路についても同様の特性について考察する。

7.1 原　　　理

7.1.1 コンデンサ

コンデンサは電荷を蓄える電気素子であり，基本的には**図 7.1** に示すように 2 枚の平行平板の導体間に絶縁物（誘電体ともいう）を挿入し，導体間に電圧 V〔V〕を加えると一方の導体板に＋の電荷（$+q$〔C〕）が，他方の導体板に－の電荷（$-q$〔C〕）が帯電する。帯電する電荷と電圧の間には

$$q = CV \tag{7.1}$$

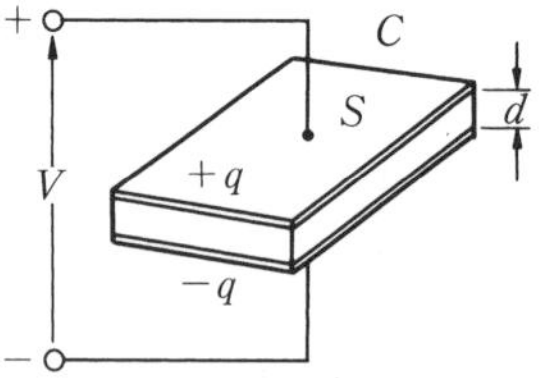

図 7.1　コンデンサ

の関係があり，比例定数 C をコンデンサの静電容量（電気容量または単に容量）といい，単位はファラッド〔F〕である。一般に C は導体の形状や寸法と誘電体の比誘電率 ε_r によって決まり

$$C=\varepsilon_0\varepsilon_r\frac{S}{d} \tag{7.2}$$

で表される。S は導体（電極）の面積〔m^2〕，d は誘電体の厚さ〔m〕，ε_0 は真空誘電率で $\varepsilon_0=8.852\times10^{-12}$〔F/m〕である。式(7.2)からわかるように，面積が広いほど，厚さが薄いほど容量 C は大きくなる。

7.1.2　*RC* 回路の過渡応答特性

図 7.2 の回路のようにコンデンサ C と抵抗 R を直列に接続し，スイッチ S を介してこれに直流電圧 E を加える。時刻 $t=0$ でスイッチ S を ① 側に入れて回路を閉じると，コンデンサに充電される電荷 q について

$$i=\frac{dq}{dt},\quad q=Cv_C,\quad Ri+v_C=E \tag{7.3}$$

より

$$\frac{dq}{dt}+\frac{1}{RC}q=\frac{E}{R} \tag{7.4}$$

の関係が得られる。ここで，i は回路に流れる電流，v_C はコンデンサの端子電圧である。電荷 q は式(7.4)を解くことによって

$$q=CE\left(1-e^{-t/RC}\right) \tag{7.5}$$

となる。ただし，$t=0$ でコンデンサの電荷量は 0 で，$q(0)=0$ とする。

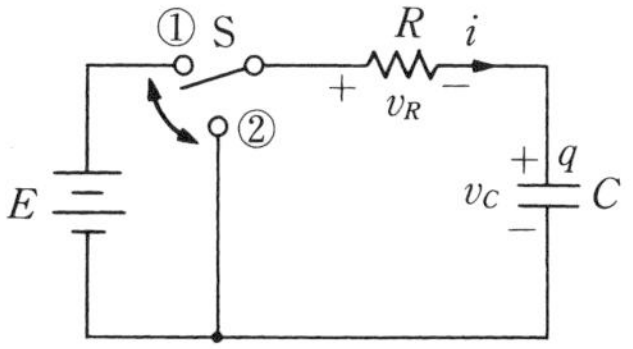

図 7.2　*RC* 回路の過度応答

一方，コンデンサの初期電荷が $q(0)=CE$ の回路において，$t=0$ で ① 側に閉じてあったスイッチ S を ② 側に切り換えると，放電される電荷 q は

$$q = CEe^{-t/RC} \tag{7.6}$$

で表される。以上より，コンデンサおよび抵抗の端子電圧 v_C，v_R および回路に流れる電流 i は

$$充電時：v_C = E(1 - e^{-t/RC}),\quad i = \left(\frac{E}{R}\right)e^{-t/RC},\quad v_R = Ee^{-t/RC} \tag{7.7}$$

$$放電時：v_C = Ee^{-t/RC},\quad i = -\left(\frac{E}{R}\right)e^{-t/RC},\quad v_R = -Ee^{-t/RC} \tag{7.8}$$

となり，それぞれの充放電波形は**図 7.3** に示すようになる。

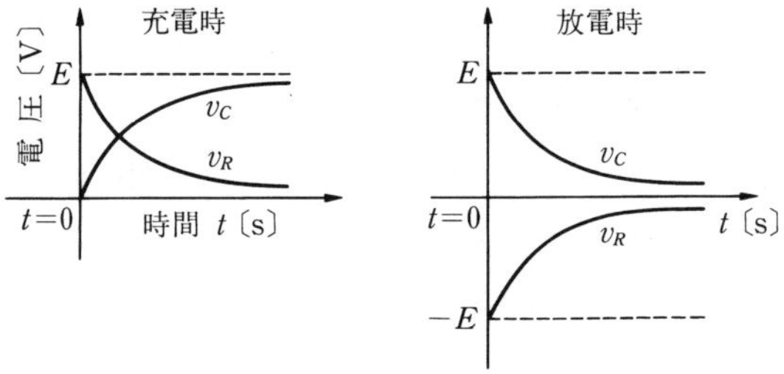

（a）　　（b）

図 7.3　RC 回路の過度応答波形

以上において，$\tau = RC$ を時定数といい，単位は秒〔s〕である。また，RC 回路に方形波電圧を加えると，**図 7.4** に示すように時定数の値によって波形は変化する。図の v_R，v_C の波形から RC 回路は微分回路，積分回路として利用できることがわかる。

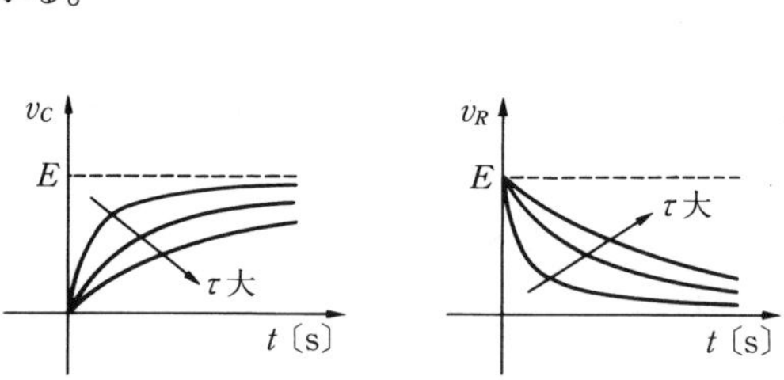

（a）　　（b）

図 7.4　RC 回路の時定数 τ と過度応答波形の関係

7.1.3 *RC* 微分・積分回路の周波数特性

図7.5（a），（b）の *RC* 直列回路に角周波数 $\omega=2\pi f$（f：周波数）の正弦波交流電圧 e を加えると，抵抗 R とコンデンサ C の端子電圧 v_R と v_C は

$$v_R=\frac{R}{\sqrt{R^2+(1/\omega C)^2}}e=\frac{\omega CR}{\sqrt{1+(\omega CR)^2}}e \tag{7.9}$$

$$v_C=\frac{1/\omega C}{\sqrt{R^2+(1/\omega C)^2}}e=\frac{1}{\sqrt{1+(\omega CR)^2}}e \tag{7.10}$$

となる。

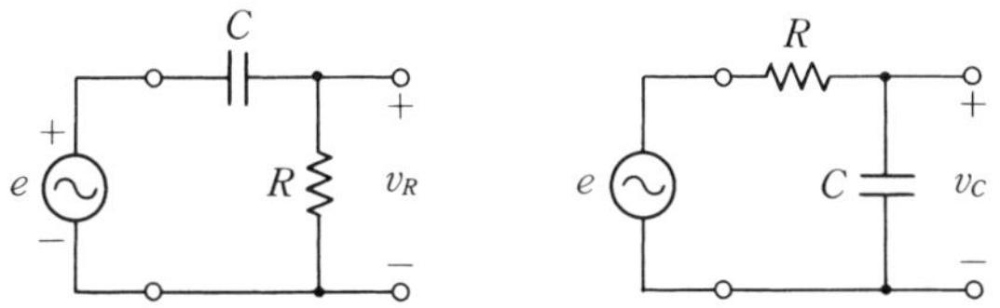

（a） 微分回路　（b） 積分回路

図7.5 *RC* 回路の正弦波応答

以上において，電圧 e，v_R，v_C はいずれも実効値あるいは最大値である。これより v_R/e と v_C/e の周波数特性を求めると，それぞれ**図7.6**(a)，(b)に示すような高域通過フィルタ（high pass filter）と低域通過フィルタ（low pass filter）特性を示す。ここで，縦軸が $1/\sqrt{2}$（0.707倍，−3dB）になる周波数をそれぞれ低域遮断周波数，高域遮断周波数といい

$$f_C=\frac{1}{2\pi CR}=\frac{1}{2\pi\tau} \tag{7.11}$$

で表される。

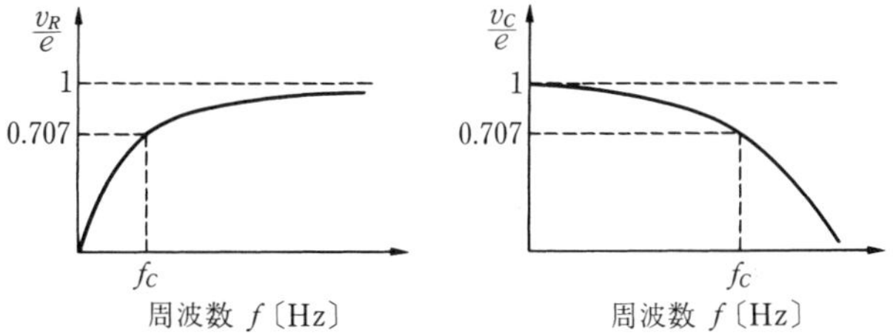

（a） v_Rとeの関係　（b） v_Cとeの関係

図7.6 *RC* 回路の周波数特性

7.1.4　デシベル値の計算

入力電圧に対する出力電圧の比を何倍という表現で示すほかにデシベル(dB) 単位を用いて表すことが多い。二つの電圧 v_1，v_2 の比 v_2/v_1 に対して

$$G=20\log_{10}\left(\frac{v_2}{v_1}\right) \tag{7.12}$$

と定義し，電圧利得ともいう。単位はデシベル〔dB〕である。電流，電力に対しても電流利得，電力利得といい，dB 単位で表すことが多い。

7.2　実　験　方　法

実験［1］ *RC* 回路の過渡応答特性の測定

図 7.2 に示した RC 回路を構成し，まず $t<0$ でスイッチ S を ② 側に閉じておき，$t=0$ で ① 側に切り換えて回路に直流電圧 e を印加し，コンデンサへ充電する。このときの印加電圧 e と抵抗 R の端子電圧 v_R を 2 現象オシロスコープで観測する。コンデンサには $C=0.005$〔μF〕を用い，抵抗を $R=10$，50，100，500〔kΩ〕と変えて，時定数を $\tau=0.05$，0.25，0.5，2.5〔ms〕の 4 種類について波形を画面に表示して，半透明の方眼紙あるいは薬包紙に写し取る。上とまったく同様の実験を行い，印加電圧 e とコンデンサの端子電圧 v_C を観測し記録する。

続いて，スイッチを ① から ② に切り換えてコンデンサから電荷が放電するときの電圧 e と v_R の波形，および e と v_C の波形を上と同様に記録する。

実験［2］ 方形波に対する *RC* 微分・積分回路特性

図 7.5 に示すように RC 回路を構成し，ファンクションジェネレータから $f=1$〔kHz〕の方形波電圧を加え，印加電圧 e と抵抗 R の端子電圧 v_R を 2 現象オシロスコープで観測する。コンデンサ C と抵抗 R は実験［1］と同じ値を使い，**図 7.7** に示すような 4 種類の時定数についての波形を画面に表示して，半透明の方眼紙あるいは薬包紙に写し取る。同様の実験を行い，印加電圧 e とコンデンサの端子電圧 v_C を記録する。

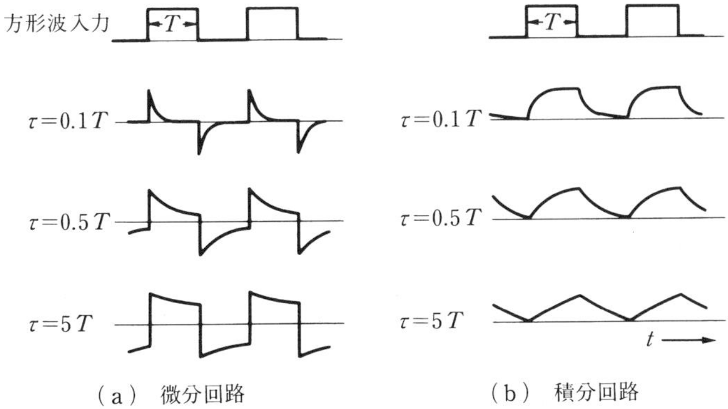

図 7.7　方形波入力に対する微分，積分回路の出力波形

実験［3］ *RC* 微分・積分回路の周波数特性の測定

図 7.5 と同じ RC 回路を使い，時定数 $\tau=0.05$〔ms〕の微分回路を作り，正弦波交流電圧の振幅を 1 V に一定して，周波数をいろいろ変えて印加電圧 e と端子電圧 v_R，v_C を測定する。オシロスコープで波形を観測し，半透明紙に波形をトレースして電圧値を測定するとともにディジタルマルチメータを使って実効値を測定する。測定結果から v_R/e と v_C/e を計算し，さらにそれぞれの値をデシベル表示して周波数特性を片対数グラフに描く。横軸に対数目盛りで周波数を，縦軸に電圧比を表示する。グラフから遮断周波数を求め理論値と比較する。

つぎに時定数 $\tau=0.5$〔ms〕の積分回路を作り，微分回路と同様に v_R/e と v_C/e の周波数特性を求めグラフに表示する。グラフから遮断周波数を求め理論値と比較する。

7.3　実験装置・使用器具

（1）オシロスコープ

（2）直流安定化電圧源

（3）ファンクションジェネレータ

（4）ディジタルマルチメータまたはテスタ

（5） *RC* 回路（ブレッドボードを利用）

（6） ブレッドボード，リード線

（7） 抵抗素子（10 kΩ，50 kΩ，100 kΩ，500 kΩ）

（8） コンデンサ（0.005 μF）

7.4 報 告 事 項

（1） 目的，原理および実験方法（日時，室温，使用器具名，配線図等）を明記する。

（2） 実験結果を図表にして報告書に挿入する。半透明紙あるいは薬包紙に写し取った波形を整理して添付する。横軸の時間，縦軸の電圧値を明記する。

（3） 実験［1］について，過渡応答特性を図 7.3 のように表示し，充放電曲線からそれぞれ $1/e$，$(1-1/e)$ になる時刻 $t=\tau$ を読み取る。また，実測結果から各時間における電圧値を 10 点程度読み取り，**図 7.8** のように片対数グラフにプロットし直して，直線の傾きから

$$\tau=\frac{\log_e V_2-\log_e V_1}{T_2-T_1} \tag{7.13}$$

を使って時定数を求める。種々の R と C の組合せに対する時定数の理論値と実験値を表にまとめて比較検討する。

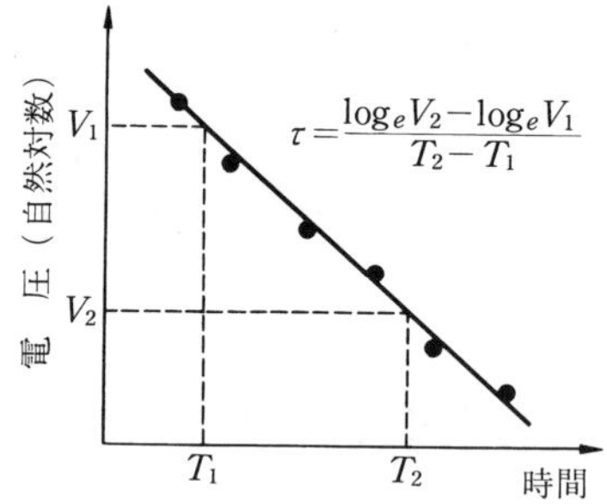

図 7.8　片対数グラフによる時定数 τ の求め方

（4） 実験［2］について，写し取った波形を整理して，時定数の理論値，実験値を表にまとめて比較検討する。入力波形の周波数（周期 T）あるいは

パルス幅 $T/2$ と時定数 τ の関係から，出力波形がどのように変化するかデータを整理して示す。

（5） 実験［3］について RC 微分回路および積分回路の周波数特性をグラフにして報告する。また，遮断周波数の実測値と理論値を表にまとめ，フィルタ特性について比較検討する。

7.5 考 察 事 項

（1） 実験結果に関する考察を行う。

（2） 式(7.5)～(7.10)を導き，その理論特性を考察する。特に RC 回路の微分特性と積分特性について考察する。

（3） 回路の時定数とはなにか，その値によって信号波形がどのように変化するかを考察する。

（4） 実験［1］および［2］で得られる時定数の実測値と理論値を比較し，その差について考察する。

（5） 実験［2］について，方形波の周波数あるいはパルス幅（$T/2$）と τ の関係から，どのような条件で微分波形と積分波形が得られるかを検討する。

（6） 遮断周波数とはなにか，時定数と遮断周波数の関係について考察する。

（7） 低域通過フィルタおよび高域通過フィルタとはどういうものか，その電気的な役割について考察する。

（8） 微分回路において，C の値を2倍にすると周波数特性はどのように変わるか，また遮断周波数はどうなるかを考察する。

（9） 積分回路において，R の値を2倍にすると周波数特性はどのように変わるか，また遮断周波数はどうなるかを考察する。

（10） 実験［3］において，各端子電圧の位相特性はどうなるかを考察する。

（11） 電圧利得，電流利得，電力利得のデシベル計算について考察する。

（12） コンデンサの特性と電気的役割について考察する。

(13)　RL 回路の過渡特性と周波数特性についても理論的に考察する。

7.6 注 意 事 項

実験［2］において，方形波入力に対する出力波形をオシロスコープで観測し，その波形から時定数を求めるとき，データを取得しやすいように時間軸を広げて観測するよう注意する。

8 *RLC* 回路の共振現象と直列共振特性の測定

抵抗 R，コイルのインダクタンス L，コンデンサの容量 C からなる *RLC* 直列回路の共振特性を測定し，共振現象，回路の Q およびインピーダンスの概念を理解する。また，共振現象を利用してコンデンサの静電容量を測定する方法について学ぶ。

8.1 原　　　理

8.1.1 *RLC* 直列回路の共振特性

一つの物理系に対して，一定周波数の外力を加えるとその系には振動現象，すなわち強制振動が起こる。このとき，外力の周波数と系の固有振動の周波数が一致すると，振動の振幅が特に大きくなる。この現象を共振または共鳴（resonance）という。電気回路の直列共振や並列共振はその代表例である。

図 8.1 に示すような抵抗 R〔Ω〕，インダクタンス L〔H〕，容量 C〔F〕を直列に接続した回路に角周波数 ω〔rad/s〕（$\omega=2\pi f$, f：周波数〔Hz〕）の交流電圧 $v=\sqrt{2}\,V\sin\omega t$ を加えると，この回路には $i=\sqrt{2}\,I\sin(\omega t+\theta)$ の電流が流れる。v と i に関する回路方程式は，キルヒホッフの電圧則より

$$v=Ri+L\frac{di}{dt}+\frac{1}{C}\int idt \tag{8.1}$$

と表される。ここで，V および I は電圧と電流の実効値であり，v，i の振幅

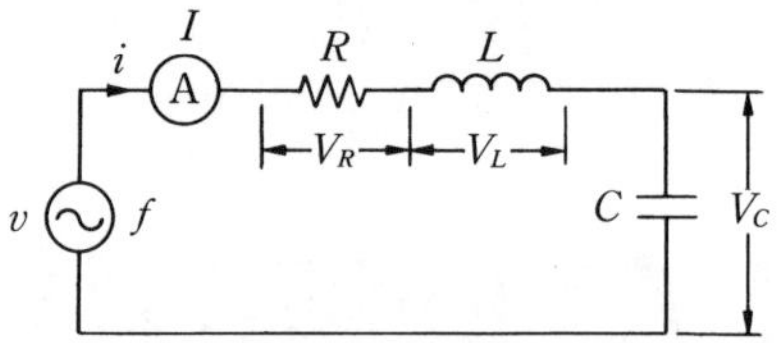

図 8.1　RLC 直列共振回路

（波高値）V_m，I_m に対して

$$\sqrt{2}\,V = V_m, \quad \sqrt{2}I = I_m \tag{8.2}$$

の関係がある。式(8.1)に v と i を代入すると

$$V \sin \omega t = I\left\{R \sin(\omega t + \theta) + \left(\omega L - \frac{1}{\omega C}\right)\cos(\omega t + \theta)\right\} \tag{8.3}$$

となり，三角関数の加法定理を用いると

$$V \sin \omega t = \sqrt{R^2 + \left(\omega L - \frac{1}{\omega C}\right)^2} \cdot I \sin(\omega t + \theta + \phi) \tag{8.4}$$

が得られる。電圧と電流の振幅（実効値）の関係は

$$V = ZI = \sqrt{R^2 + \left(\omega L - \frac{1}{\omega C}\right)^2} \cdot I \tag{8.5}$$

$$Z = \sqrt{R^2 + \left(\omega L - \frac{1}{\omega C}\right)^2} \tag{8.6}$$

となる。Z をインピーダンスの大きさといい，単位は〔Ω〕である。また，電圧と電流の位相の関係は，式(8.4)より $\theta + \phi = 0$ であるから

$$-\theta = \phi = \tan^{-1} \frac{\omega L - 1/\omega C}{R} \tag{8.7}$$

以上は，回路の正弦波定常状態における電圧と電流の関係を三角関数を用いて求める方法であるが，一般にはフェーザ法（複素演算法，ベクトル記号法）が交流回路の解析に用いられる。フェーザ法は指数関数を何回微分，積分しても指数関数であるという性質を利用して，交流回路の計算を複素数の代数計算に置き換えて解析する方法である。すなわち，$v = \sqrt{2}\,V \sin \omega t$，$i = \sqrt{2}\,I \sin(\omega t + \theta)$の代わりに

$$v=\sqrt{2}\,Ve^{j\omega t},\quad i=\sqrt{2}Ie^{j(\omega t+\theta)} \tag{8.8}$$

とおいて式(8.1)に代入すると

$$Ve^{j\omega t}=I\left(R+j\omega L+\frac{1}{j\omega C}\right)e^{j(\omega t+\theta)} \tag{8.9}$$

が得られる。j は $j=\sqrt{-1}$（虚数単位）を表す。これより

$$\begin{aligned} V&=\left[R+j\left(\omega L-\frac{1}{\omega C}\right)\right]Ie^{j\theta} \\ &=\sqrt{R^2+\left(\omega L-\frac{1}{\omega C}\right)^2}\cdot Ie^{j(\theta+\phi)} \end{aligned} \tag{8.10}$$

となり，電圧と電流の位相の関係は式(8.5)，(8.7)とまったく同じように表される。ここで

$$\dot{Z}=R+j\left(\omega L-\frac{1}{\omega C}\right) \tag{8.11}$$

は直列共振回路の複素インピーダンスであり，その絶対値が式(8.6)の値となる。一般には，複素インピーダンスは $\dot{Z}=R+jX$ と表され，実数項 R を抵抗，虚数項 X をリアクタンスと呼び，単位はいずれもオーム〔Ω〕である。インピーダンスの逆数 $1/\dot{Z}=\dot{Y}$ はアドミタンスといい，単位はジーメンス〔S〕である。

リアクタンス ωL，$1/\omega C$ およびインピーダンス $\dot{Z}$ の絶対値は角周波数 ω を0から∞まで変化させると，**図 8.2** および **図 8.3** のように変化する。リアク

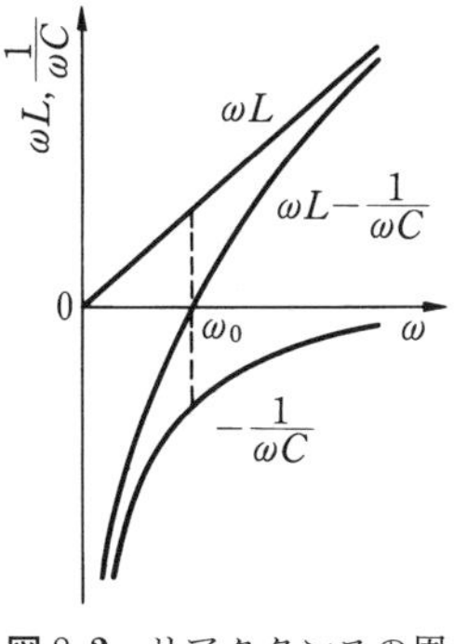

図 8.2　リアクタンスの周波数特性

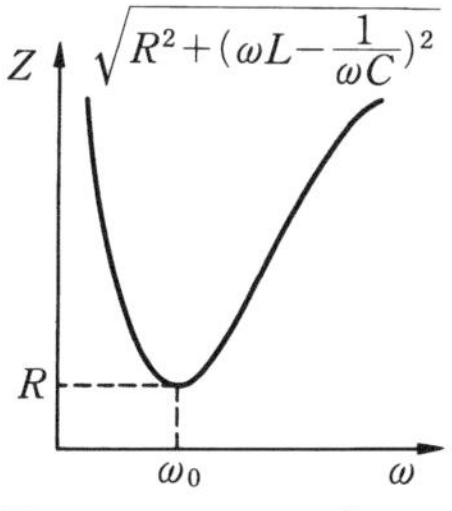

図 8.3　インピーダンスの周波数特性

タンスが$(\omega L-1/\omega C)=0$になったとき，インピーダンスの絶対値は最小で，$Z=R$となる。これより

$$\omega=\omega_0=\frac{1}{\sqrt{LC}},\quad f_0=\frac{\omega_0}{2\pi}=\frac{1}{2\pi\sqrt{LC}} \tag{8.12}$$

が得られるが，ω_0を共振角周波数，f_0を共振周波数という。**図8.4**は，電圧Vを一定として周波数fを変化させたときの電流Iの関係を示したもので，$f=f_0$で最大電流$I_{\max}=V/R$が流れる。このような現象を直列共振といい，この曲線を共振曲線という。

一方，**図8.5**は周波数を変えたときの位相θの関係であり，共振時には式(8.7)からわかるように電流と電圧は同位相となり，$f<f_0$で電圧の位相は電流より遅れ，$f>f_0$で進むことがわかる。

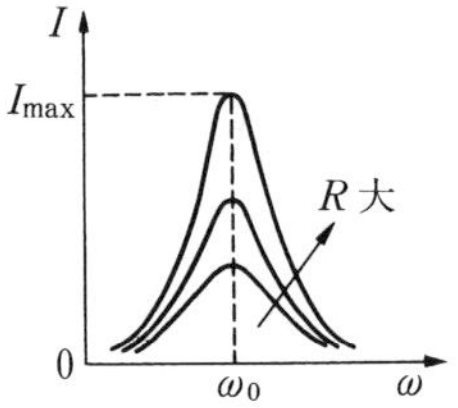

図8.4　RLC回路の共振電流

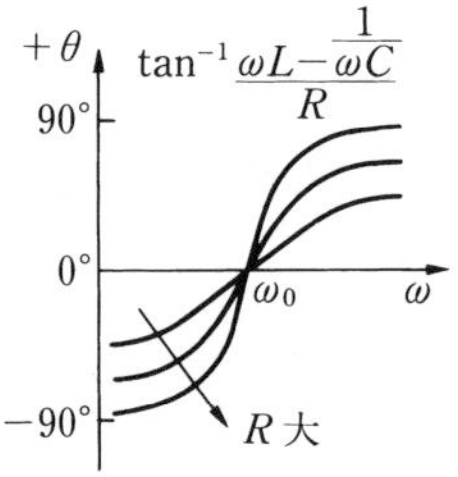

図8.5　RLC回路の位相特性

8.1.2　電気回路のQ値

インダクタンスLのコイルは，常温では電気抵抗は0とはならず，**図8.6**に示すように抵抗R_Lが直列に接続された等価回路で表される。同様にコンデンサの容量Cについても，極板間に充てんされた誘導体には有限の電気抵抗R_Cが存在し，図に示されるような等価回路で表される。コイルの抵抗R_Lやコンデンサの抵抗R_cが小さいほどエネルギー損失は少なくなるが，コイルやコンデンサの質のよさを示す係数としてquality factor（Q）なる量を定義する。

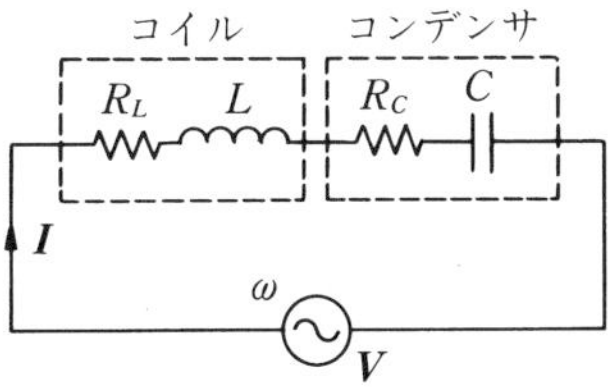

図 8.6　コイルとコンデンサの等価回路と直列共振回路

$$Q_L = \frac{\omega L}{R_L}, \quad Q_C = \frac{1}{R_C \omega C} \tag{8.13}$$

また

$$\tan\delta = \frac{1}{Q_c} \tag{8.14}$$

で表される値（タンデルタ）は，誘電体の損失を表す目安としてよく用いられる。損失のあるコイルとコンデンサを図のように高周波の交流電源に直列に接続した場合に，この回路に流れる電流 i は，実効値 I で表すと

$$I = \frac{V}{\left| R_L + R_C + j\left(\omega L - \frac{1}{\omega C}\right) \right|} = \frac{V}{\sqrt{R^2 + \left(\omega L - \frac{1}{\omega C}\right)^2}} \tag{8.15}$$

となる。ただし，$R = R_L + R_C$ である。電圧 v の振幅（波高値）V を一定に保ったまま ω のみを変化させれば，I の変化は図 8.4 のような共振特性を示すが，$\omega_0 L = 1/\omega_0 C$ の条件が成立すると，I は最大値 $I_{\max}$ に達し

$$I_{\max} = \frac{V}{R_L + R_C} = \frac{V}{R} \tag{8.16}$$

となる。この回路の Q を

$$Q = \omega_0 \frac{L}{R} = \frac{1}{\omega_0 RC} \tag{8.17}$$

と表して，I を $I_{\max}$ で割って正規化すると

$$\frac{I}{I_{\max}} = \frac{1}{\sqrt{1 + Q^2\left(\frac{\omega}{\omega_0} - \frac{\omega_0}{\omega}\right)^2}} \tag{8.18}$$

が得られる。図8.4の代わりに式(8.18)を図示すると，**図8.7**のようになり，Qが大きくなると，正規化共振曲線が鋭くなることがわかる。また，図の共振曲線において$I/I_{\max}$が$1/\sqrt{2}$になるωをω_1，$\omega_2(\omega_1<\omega_2)$とすると

$$\left.\begin{aligned}\frac{\omega_1}{\omega_0}-\frac{\omega_0}{\omega_1}&=-\frac{1}{Q}\\ \frac{\omega_2}{\omega_0}-\frac{\omega_0}{\omega_2}&=\frac{1}{Q}\end{aligned}\right\}\tag{8.19}$$

となり，これより

$$\left.\begin{aligned}&\omega_1\omega_2=\omega_0{}^2\\ &Q=\frac{\omega_0}{\omega_2-\omega_1}=\frac{f_0}{f_2-f_1}\end{aligned}\right\}\tag{8.20}$$

が得られる。以上より，Qは共振曲線の鋭さを示し，共振角周波数ω_0（共振周波数f_0）と，$I/I_{\max}$が$1/\sqrt{2}$または電力比$I^2/I_{\max}{}^2$が$1/2$になる角周波数の幅（半値幅）$\Delta\omega=\omega_2-\omega_1$（周波数の幅$\Delta f=f_2-f_1$）との比であることがわかる。

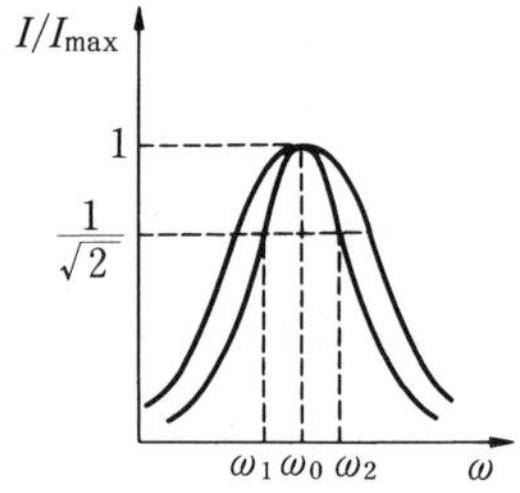

図8.7　正規化共振特性

8.2 実　験　方　法

実験［**1**］

図8.1のようなRLC直列回路を組み，抵抗R，インダクタンスL，容量Cを一定にして，正弦波交流電圧の周波数fを変化させていき，回路に流れる電流Iと各素子の端子に生ずる電圧降下V_L，V_R，V_Cを測定する。このとき，電源電圧（発振器の出力）は発振周波数によって大きく変化するので，f

を変化させたときに，電圧の実効値 V がつねに一定となるように調節する。測定後，f に対する I，V_R，V_L，V_C のグラフを図示する。

実験［2］

抵抗 R の値を変えて実験［1］と同様の実験を行い，それぞれの測定値をグラフに図示する。特に，I-f 特性において，R が小さい場合と大きい場合で共振曲線の形が鋭くなったり鈍ったりすることを示す。

実験［3］

図 8.1 の回路において V と f を一定に保ち，R，L を一定として C を変化させるか，あるいは R，C を一定として L を変化させた場合について，回路に流れる電流 I および各部に生じる電圧降下 V_R，V_L，V_C を測定する。

実験［4］

図 8.8 のように 2 枚の金属板の間に紙またはラップなどの高分子フィルムを挿入してコンデンサを作り，つぎの二つの方法によってコンデンサの静電容量 C を求める。

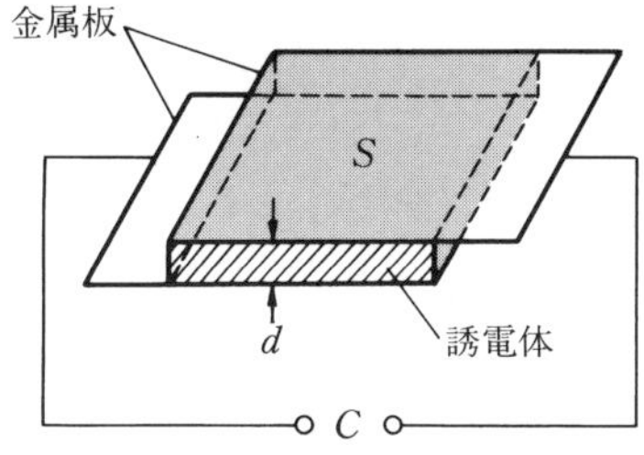

図 8.8 コンデンサの構成

（1） このコンデンサを用いて図 8.1 の RLC 直列回路を構成し，周波数 f を変化させて実験［1］と同様の実験を行い，I，V_R，V_L，V_C を測定する。ただし，R と L の値はあらかじめ一定にしておく。測定後，I-f 曲線を描き，電流が最大になる，すなわち共振時の周波数 f_0 を読み取り，式(8.12)を用いて C の値を求める。

（2）　RLC 回路からコンデンサ C だけをはずし，これにキャパシタンスメータを直接接続し，C の値を測定する。

実験［5］

作製したコンデンサの金属板をずらして，極板の重なり合う面積 S を変化させるか，あるいは極板間の紙あるいは高分子フィルムの枚数を変えて d を変化させ，実験［4］の実験と同じ操作を行い，C の値を求める。

8.3　実験装置・使用器具

（1）　ファンクションジェネレータ，または正弦波発振器

（2）　ディジタルマルチメータまたはテスタ

（3）　オシロスコープ

（4）　キャパシタンスメータ

（5）　交流電流計

（6）　ブレッドボード，リード線

（7）　可変抵抗

（8）　可変インダクタンス

（9）　可変容量

(10)　アルミ板（2枚），またはアルミホイール

(11)　紙，または高分子フィルム

8.4　報　告　事　項

（1）　目的，原理および実験方法（日時，室温，使用器具名，配線図等）を明記する。

（2）　実験結果を図表にして報告書に挿入する。

（3）　実験［1］，［2］について，周波数 f に対する回路に流れる電流 I と各素子の端子電圧 V_L，V_R，V_C をグラフにプロットし，共振周波数 f_0 を読み取り，理論値と比較する。f_0 で電流 I が最大になることを確認するととも

に，$V_L = V_C$ となることを示す。

（4） 以上の測定値から

$$\phi = \tan^{-1}\frac{(\omega L - 1/\omega C)}{R} = \tan^{-1}\frac{(V_L - V_C)}{V_R} \qquad (8.21)$$

に基づいて f を変化させた場合の位相 $\phi = -\theta$ の様子をグラフに図示する。共振点(f_0)で $\phi = -\theta = 0$，すなわち電圧と電流が同位相になることを示す。また，$f < f_0$ で電圧 V の位相は電流 I より遅れ，$f > f_0$ で進むことがわかる。

（5） また，I-f 曲線から電流が共振電流 I_m の $1/\sqrt{2}$ になる周波数 f_1，f_2 を読み取り，式(8.20)から回路の Q を求める。

（6） 以上の結果について，抵抗 R の値によって I，V_R，V_L，V_C の周波数特性および位相特性がどうなるかを比較する。また，R と Q の関係を表にまとめて比較する。

（7） 実験［3］について，インダクタンス L または容量 C をグラフの横軸にとり，I，V_R，V_L，V_C を縦軸にして共振特性を図示する。また，位相特性を求め，グラフ化する。特定の L または C で回路が共振することを確認し，そのときの L_0 あるいは C_0 を求め，理論値と比較する。

（8） 実験［4］，［5］について，実験［1］と同様に共振現象の周波数特性と位相特性を図示し，共振周波数 f_0 と使用した L の値から式(8.12)を用いてコンデンサの容量 C を求める。また，キャパシタンスメータで測定した C の値と比較する。コンデンサの電極面積 S，あるいは誘電体試料の厚さ d に対して容量 C がどう変わるかを整理して表にまとめる。

（9） コンデンサの容量 C は

$$C = \varepsilon_0 \varepsilon_r \frac{S}{d} \qquad (8.22)$$

ε_0＝真空の誘電率(＝8.852×10^{-12}F/m)，ε_r＝試料の比誘電率，

S＝極板の面積〔m^2〕，d＝極板間の距離〔m〕

で表されるので，S と d をそれぞれ，物差し，マイクロメータを用いて測定し，上で求めた C の値より ε_r を計算し，表にまとめるとともに比較検討す

る。

8.5 考察事項

（1） 実験結果に関する考察を行う。

（2） RLC 直列共振回路の周波数・振幅特性および周波数・位相特性について測定値と理論値を比較し，その差がある場合にはその理由を考える。また，これら共振特性の特徴について考察する。位相が進んだり，遅れたりするということはどういう意味かを考察する。

（3） 交流回路のリアクタンスとインピーダンスとはなにか，それぞれが周波数とともに変化する理由について考察する。

（4） 式(8.18)～(8.20)を導き，その意味を考察する。

（5） 図8.1の RLC 回路で，R が2倍になったとき，L または C が2倍になったとき共振特性はどう変わるかを考察する。

（6） L または C を変えることによって特定の周波数に対して回路を共振させることができる。その原理と利用法について考察する。

（7） 実験［4］，［5］で使用したコンデンサの C の値が測定法によって異なる理由を考察する。また，Q の値を I-f 曲線から求め，作製したコンデンサの損失（$\tan\delta$）がどの程度かを考察する。

（8） 共振・共鳴とはどういう現象かを考察する。

（9） RLC 並列回路の共振現象と共振特性について考察する。

（10） 電気回路の共振以外の物理系におけるいろいろな共振・共鳴現象について考察する。

（11） 共振現象を有効に利用しているもの，逆に共振が起こっては困ることについて考察する。

（12） 共振法によってコイルのインダクタンス L やコンデンサの容量 C を測定する Q メータの動作原理について考察する。

（13） 誘電体とはどういう物質か，またその電気的特性について考察する。

8.6 注　意　事　項

（1）　回路に流れる電流 I を測定するのに，熱電対を利用した熱電型高周波電流計を使用する場合には，過大電流が流れると発熱によって熱電対の抵抗線が切れてしまうので，定格に注意して過大電流を流さないようにする。

（2）　高い周波数で測定するとき，静電誘導や電磁誘導の影響がないように計器やリード線の配置に注意する。

9　ダイオードの整流特性の測定

半導体ダイオードの静特性（電流・電圧特性）とダイオードを用いた整流回路の整流特性を測定し，ダイオードの基本的性質，機能と利用法を理解する。

9.1　原　　　理

9.1.1　p 形半導体と n 形半導体

C，Si，Ge，Sn，Pb などの元素は炭素族と呼ばれ，原子核の最外殻軌道に電子が 4 個ある 4 族元素である。各原子の価電子は周辺の原子の価電子とたがいに 2 個ずつが対となり，各原子はこれら 4 対を共有して結合している。原子番号の小さい，上位の原子ほど結合力が強く，伝導電子として動きにくいので絶縁物としての特性を示すが，Sn や Pb は結合力は弱く，電子が移動しやすいので良導体となって電流をよく流す。これに対して Si や Ge は半導体としての性質を持ち，熱，光，電界などのエネルギーを一定値以上与えると価電子が励起されて自由電子となり，電流が流れるようになる。

図 9.1 に示すように Si や Ge にインジウム（In）などの最外殻に 3 個の価電子を持った元素を微量ドープすると，共有結合において電子が 1 個不足した（正孔ができた）半導体ができる。これを正（positive）の電荷を余分に有する半導体ということから p 形半導体といい，この正孔をホールともいう。一

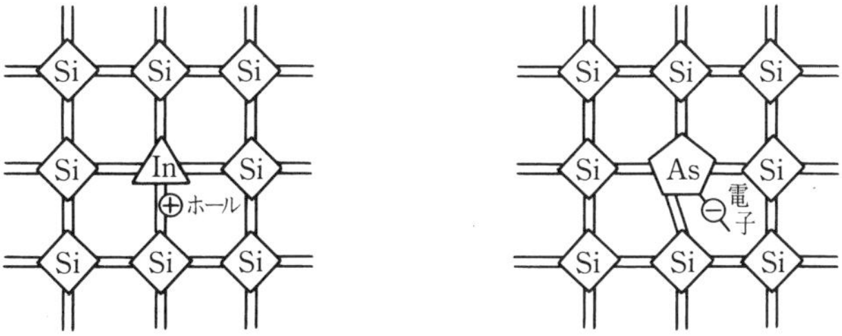

（a） p 形半導体　　　　（b） n 形半導体

図 9.1　不純物半導体

方，ヒ素（As）などの 5 価の元素をドープすると電子が 1 個余った半導体ができる。電子は負（negative）の電荷を持っていて，束縛の少ない状態で伝導電子として振る舞うことから n 形半導体という。これらの半導体を総称して不純物半導体といい，In や As などの不純物が含まれない半導体を真性半導体という。このような自由電子やホールは電流を流す電荷となるものでキャリヤという。

9.1.2　pn 接合ダイオード

p 形半導体と n 形半導体を接合した pn 接合半導体を pn 接合ダイオードといい，その基本構造は**図 9.2** に示すように p 領域，n 領域それぞれに電極が配置されている。両電極間に電圧が加わっていない状態では，接合部に電界が生じていて，空乏層が存在して安定状態が保たれている。

p 領域に＋，負領域に－の電圧をかけると n 形半導体中の自由電子は接合面

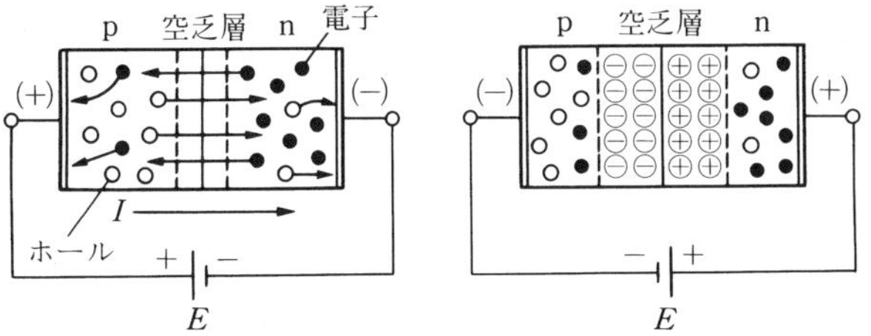

（a） 順方向バイアス　　　　（b） 逆方向バイアス

図 9.2　pn 接合ダイオードの整流作用

を通り抜けて＋電極側に引かれ，p 形半導体中のホールは－電極側に達する。こうして自由電子とホールの一巡の流れができて電流が流れ続ける。このような電圧のかけ方を順方向にバイアスをかけるといい，その電流を順方向電流という。一方，p 領域に－，負領域に＋の電圧をかけると n 形半導体中の自由電子と p 形半導体中のホールはそれぞれ左右に分かれ，接合面を挟んでキャリヤの存在しない空乏層が広がる。この状態では p 形半導体中のわずかな電子と n 形半導体中のわずかなホールだけが接合面を通り抜けて移動し，非常に小さな電流が流れるにすぎない。このような電圧のかけ方を逆方向バイアスといい，その電流を逆方向電流という。理想ダイオードの電圧・電流特性は

$$I = I_0\left\{\exp\left(\frac{qV}{kT}\right) - 1\right\} \tag{9.1}$$

上式において，$V \geqq kT/q$ ならば

$$I = I_0 \cdot \exp\left(\frac{qV}{kT}\right) \tag{9.2}$$

ここで，I_0 は逆方向飽和電流，q は電子の電荷，k はボルツマン定数，T は絶対温度，V は印加電圧である。

以上のようにダイオードは一方向にのみ電流を流す素子であり，このような特性を整流特性（**図 9.3**）という。交流は両方向性の電圧・電流であるが，ダイオードのような整流素子を用いると一方向性の電圧，または電流が得られる。一般に交流を直流に変換することを整流といい，ダイオードを用いると容易に整流回路が得られる。

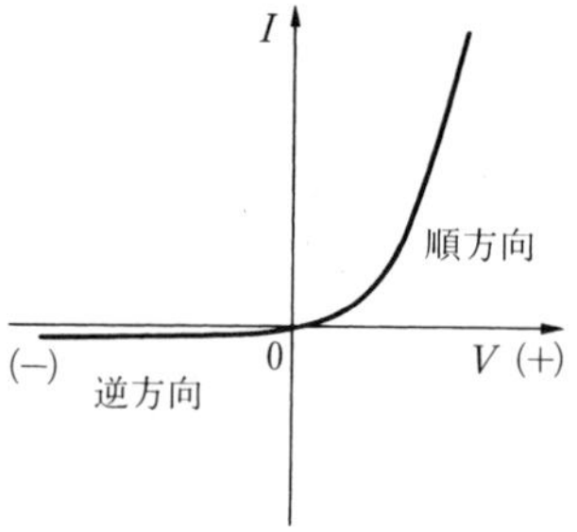

図 9.3　ダイオードの整流特性

9.2 実　験　方　法

実験［1］ダイオードの直流電流・電圧特性の測定

図9.4の回路を構成し，ダイオードDに直流電圧を加え，電圧を徐々に上げていき，そのとき流れる電流と印加電圧を測定する。使用するダイオードは2種類とし，それぞれのダイオードの順方向電圧・電流特性および逆方向電圧・電流特性を求め，整流特性のグラフを作成する。順方向電流は30mAまでの範囲とする。

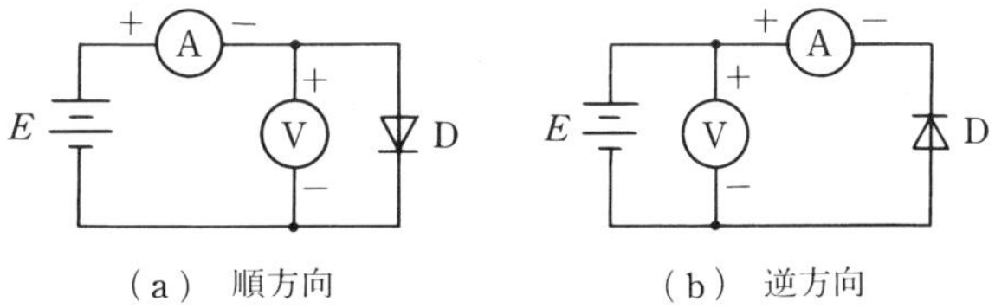

図9.4　ダイオードの整流特性の測定回路

実験［2］ダイオードの正弦波整流特性の測定

ダイオードを用いて**図9.5**の回路を構成し，1-1′端子にファンクションジェネレータからの正弦波交流電圧 V_i を加え，2-2′端子の抵抗 R の出力電圧 V_o を観測する。オシロスコープで観測した入力電圧 V_i と出力電圧 V_o の整流波形を半透明紙にトレースして，整流回路の特性を考察する。続いて**図9.6**の回路を構成し，同様に入力電圧と出力電圧の波形を観測する。

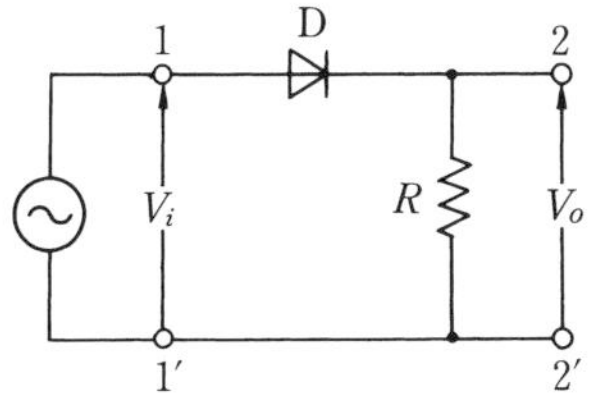

図9.5　整流回路（I）

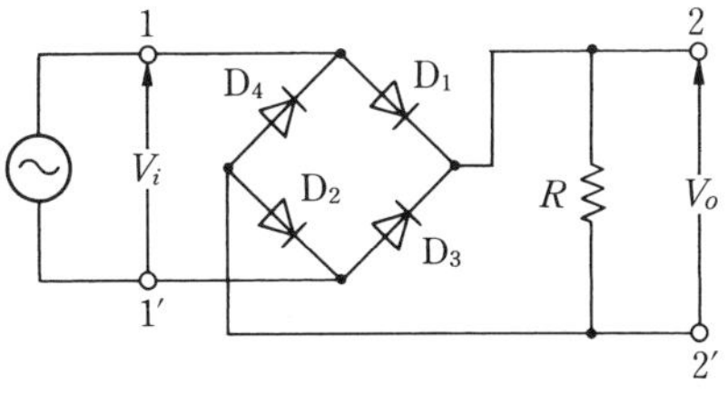

図9.6　整流回路（II）

実験［3］ ダイオードとコンデンサを用いた整流・平滑特性の測定

図 9.7 および**図 9.8** を構成し，実験［2］と同様に正弦波交流電圧を加え，その出力電圧の整流波形を観測する。これらの回路には波形の平滑化のためにコンデンサ C がついているので実験［2］の結果と比較し，整流・平滑化の意味を考える。また，入力電圧の交流周波数ならびにコンデンサの容量 C を変化させて，出力電圧の整流波形の違いを観測し，その理由を検討する。

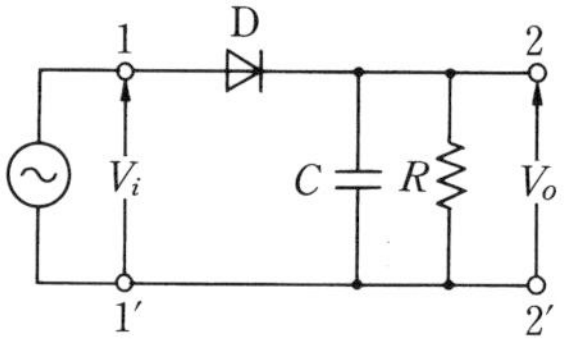

図 9.7 整流・平滑回路（I）

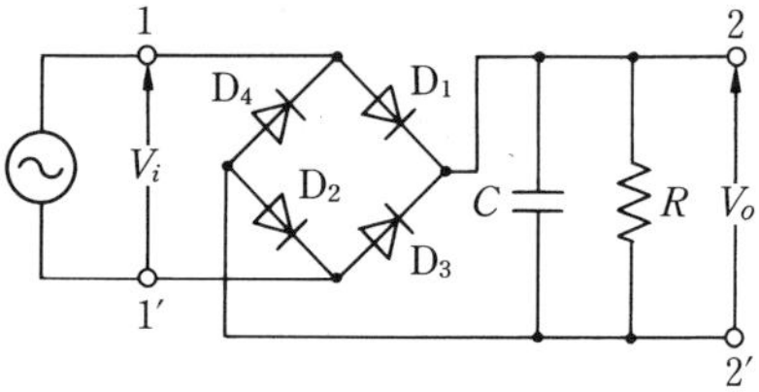

図 9.8 整流・平滑回路（II）

9.3 実験装置・使用器具

（1） オシロスコープ（2 現象）
（2） 直流安定化電圧源
（3） ファンクションジェネレータ
（4） ディジタルマルチメータまたはテスタ
（5） 電流計（1，3，10，30 mA），電流計（0.1，0.3，1，3 mA）
（6） 電圧計（0.3，1，3，10 V），電圧計（3，10，30，100 V）
（7） ブレッドボード，リード線
（8） Si ダイオード（1S100），ツェナーダイオード（RD5A）
（9） 抵抗素子（1 kΩ，10 kΩ，50 kΩ）
（10） コンデンサ（0.047 μF，0.01 μF，0.47 μF）

9.4 報 告 事 項

（1） 目的，原理および実験方法（日時，室温，使用器具名，配線図等）を明記する。

（2） 実験結果を図表にして報告書に挿入する。半透明紙あるいは薬包紙に写し取った波形を整理して添付する。横軸，縦軸の数値と単位を明記する。

（3） 各電圧・電流特性および電圧・抵抗特性を方眼紙に図示して，各ダイオードの整流特性の特徴を考察する。なお，抵抗は電圧/電流を計算して求める。

（4） 各ダイオードの電圧・電流の順方向特性を片対数グラフに図示して，式(9.2)の理論値と比較検討する。

（5） 各ダイオードの正弦波交流に対する整流特性を図示し，整流・平滑作用について検討する。周波数を変えたとき，コンデンサの容量 C を変えたときの整流・平滑波形の変化を図示し，比較検討する。

（6） 平滑化によるリップルの大きさを求める。

9.5 考　察　事　項

（1） 実験結果に関する考察を行う。

（2） 実験結果から各ダイオードの整流特性の原理と特徴について考察する。直流および交流入力に対する各ダイオードの出力特性，各整流回路の整流・平滑特性などの特徴を比較検討し，それぞれの動作原理を考察する。

（3） 平滑化と平滑化に伴うリップルの大きさについて考察する。

（4） 周波数を変えたとき，コンデンサの容量 C を変えたときの整流・平滑波形の変化を比較検討し，その理由を考察する。

（5） 半導体とはどのような性質を持つ物質であるかを考察する。

（6） p形およびn形半導体について考察する。

（7） ダイオードにはどんな種類があるか，その特性と機能について調べる。

（8） ツェナーダイオードは定電圧ダイオードともいわれるが，その理由を考察する。また，逆方向バイアス電圧を次第に大きくしていくと急激に逆方向電流が流れ出す降伏現象（ブレークダウン）が起こるが，その降伏現象について考察する。

（9）　発光ダイオード，ホトダイオード，トンネルダイオード（エサキダイオード）などの特性と機能について考察する。

9.6　注　意　事　項

（1）　ダイオードには極性があるので，直流電圧のかけ方に注意するとともに，電圧計および電流計の極性と接続のし方に注意する。

（2）　ダイオードに流す電流は 30 mA 程度までとする。

10 トランジスタの静特性と増幅特性の測定

電子回路の基本素子であるトランジスタの静特性（直流電流・電圧特性）と増幅特性を測定し，その動作原理と増幅作用を理解する。

10.1 原　　　理

トランジスタは，きわめて薄い層のn形（またはp形）半導体の両側にp形（またはn形）半導体を挟み込んだように二つのpn接合面を有する三層構造の半導体素子であり，これをnpn形（またはpnp形）トランジスタという。**図10.1**に示すように両側の領域をエミッタ（emitter：E），コレクタ（collector：C），中間の薄い領域をベース（base：B）といい，それぞれに電極が蒸着されている。

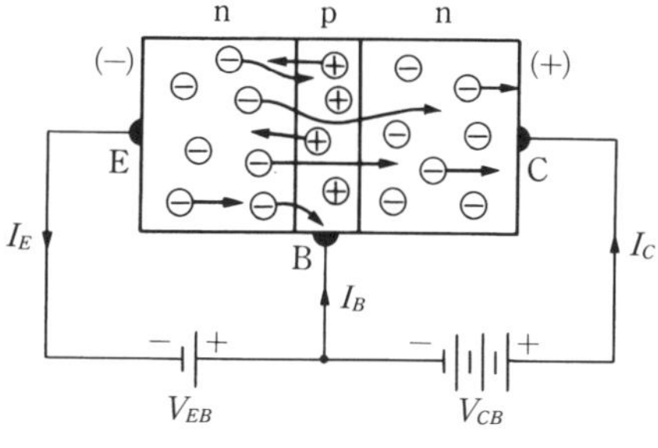

図10.1　npn形トランジスタの基本構造

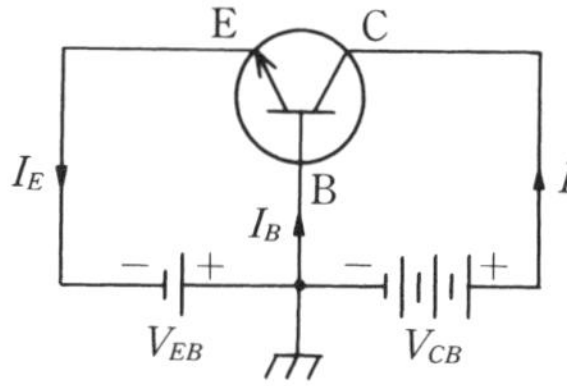

図10.2　npn形トランジスタの動作原理

図 10.2 の npn 形トランジスタの動作原理に示すように，エミッタ-ベース（E-B）間に順方向，ベース-コレクタ（B-C）間に逆方向のバイアス電圧をかけると，B-E 間に電流が流れるのはダイオードと同様であるが，ベースが非常に薄いのでほとんどの電子はベース領域を通り抜けてコレクタ領域に達する。コレクタには正の電界がかかっているので，電子は加速されてコレクタ電極に到達し，外部回路を通ってエミッタに戻る。エミッタ電流（I_E）の 95% 以上がコレクタ電流（I_C）となり，残りの 5％以下がベース電流（I_B）となる。

$$I_E = I_B + I_C \tag{10.1}$$

I_E と I_C の微小変化の比($\Delta I_C/\Delta I_E$)をベース接地電流増幅率または電流伝送率といい，記号 α で表す。また，I_B と I_C は比例関係にあり，それぞれの微小変化の比($\Delta I_C/\Delta I_B$)はエミッタ接地電流増幅率または単に電流増幅率といい，記号 β（h パラメータの h_{fe} と同じ）で表す。また，α と β の間には

$$\alpha = \frac{\Delta I_C}{\Delta I_E}, \quad \beta = \frac{\Delta I_C}{\Delta I_B} \tag{10.2}$$

$$\alpha = \frac{\beta}{1+\beta}, \quad \beta = \frac{\alpha}{1-\alpha} \tag{10.3}$$

の関係がある。実際のトランジスタでは，β の値は 50 ～ 300 程度の値である。

トランジスタの規格表には，最大定格として許容しうる電圧と電流の最大値が記載されている。動作状態ではコレクタ-エミッタ間電圧（V_{CE}）とコレクタ電流（I_C）から決まる $P_C = V_{CE} \cdot I_C$ の電力が消費され，これが熱となって接合部温度が上昇する。この消費電力 P_C をコレクタ損失といい，定格値より高くなるとトランジスタは破壊する。また，ベースを開放状態($I_B = 0$)にして，V_{CE} を加えたときに流れる I_C をコレクタ遮断電流(I_{CEO})といい，数 μA 以下の電流が流れる。

10.2 実　験　方　法

実験［1］ トランジスタの静特性（I） V_{CE}-I_C 特性

図 10.3 のエミッタ接地回路を構成して，ベース電流 I_B をパラメータにして 0，20，40，60，80 μA の各値に一定にした状態で，コレクタ-エミッタ間電圧 V_{CE} を 0 〜 10 V まで細かく変化させて，そのときのコレクタ電流 I_C を測定する。このとき，コレクタ損失の最大定格値を超えないようにする。V_{CE} は 0 〜 1 V の範囲では 0.1 V 間隔で細かく測定し，1 〜 10 V の範囲では 1 V 間隔でおおまかに変化させて測定する。測定後，V_{CE}-I_C 特性をグラフに表示する。

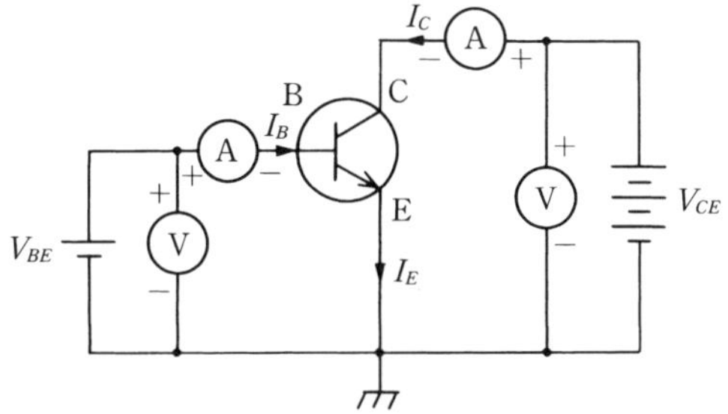

図 10.3　トランジスタのエミッタ接地回路と静特性の測定

実験［2］ トランジスタの静特性（II） V_{BE}-I_B 特性

図 10.3 のエミッタ接地回路において，V_{CE} をパラメータにして 0，1，5 V の値にそれぞれ一定にした状態で，ベース電流 I_B を 0.1 mA 間隔に変化させて，V_{BE} と I_C を測定する。ただし，I_B が 0.2 mA 以下では 0.02 mA 間隔で細かく変化させて測定する。測定後，V_{BE}-I_B 特性および I_C-I_B 特性をグラフに表示する。

実験［3］ エミッタ接地増幅回路の入出力特性の測定

図 10.4 のエミッタ接地増幅回路を構成し，入力信号 v_i に周波数 1 kHz の正弦波交流電圧を加え，出力信号 v_o を測定する。入出力信号の測定にはオシロスコープを使用する。まず，直流定電圧電源を 5 V に設定して，ファンクショ

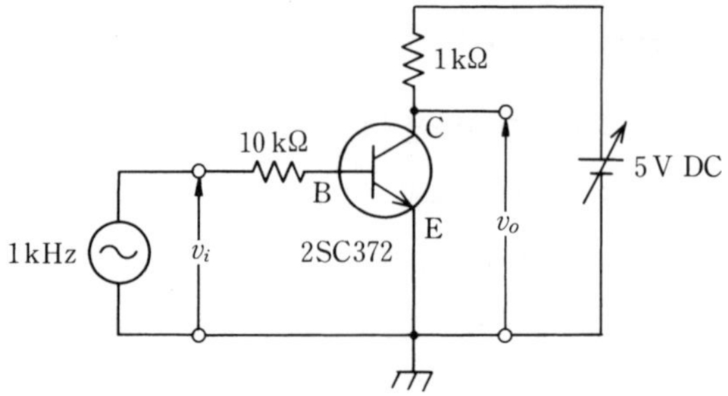

図 10.4　エミッタ接地増幅回路

ンジェネレータからの入力電圧を徐々に上げていき，peak-to-peak 値を 0.2 V にする。このときの出力電圧波形を記録する。さらにファンクションジェネレータの DC オフセットつまみを回して，DC オフセット電圧を重畳させ，出力信号の位相が入力に対してちょうど 180 度ずれた（反転した）ときの出力電圧を観測する。得られた出力電圧と負荷抵抗 1kΩ からコレクタ電流 I_c を求める。同様に入力電圧 0.2V とベース抵抗 10kΩ からベース電流 I_B を求め，電流増幅率 $\beta=\Delta I_C/\Delta I_B$ 求める。また，v_i と v_o から電圧増幅度を求め，デシベル表示する。周波数を変えて同様な測定を行う。位相特性についても測定する。

10.3　実験装置・使用器具

（1）　トリプル直流電圧源（6V，0～±15V）

（2）　ディジタルマルチメータまたはテスタ

（3）　電流計（1，3，10，30mA），電流計（0.1，0.3，1，3mA）
　　　電圧計（0.3，1，3，10V），電圧計（3，10，30，100V）

（4）　ブレッドボード，リード線

（5）　ファンクションジェネレータ

（6）　トランジスタ（2SA，2SB，2SC，2SD タイプ）

（7）　抵抗素子（1kΩ，10kΩ）

10.4 報　告　事　項

（1） 目的，原理および実験方法（日時，室温，使用器具名，配線図等）を明記する。

（2） 実験結果を図表にして報告書に挿入する。

（3） 各トランジスタの電圧・電流特性（V_{CE}-I_C 特性）を方眼紙に図示して，その特徴を考察する。

（4） 各トランジスタの V_{BE}-I_B 特性および I_C-I_B 特性を方眼紙に図示して，その特徴を考察する。

（5） 各トランジスタの β と α を求めて表にまとめる。また，β と I_C の関係を方眼紙に図示する。

（6） V_{CE}-I_C 特性よりコレクタ遮断電流(I_{CEO})を求め，明記する。

（7） 実験［3］について，入力信号と出力信号の波形を半透明紙または薬包紙にトレースして，整理して報告書に添付する。横軸，縦軸の数値と単位を明記する。

（8） また，電流増幅率と電圧増幅度を各周波数に対して求め，表にまとめるとともに片対数グラフに図示する。位相特性についてもグラフ化する。

10.5 考　察　事　項

（1） 実験結果に関する考察を行う。

（2） トランジスタの動作原理と増幅作用について考察する。

（3） pnp 形と npn 形トランジスタの違いについて考察し，直流バイアス電圧のかけ方が異なる理由について考察する。

（4） 半導体中のキャリヤである電子とホールの振る舞いとその違いについて考察する。

（5） 式(10.3)を導き，β と α の関係を考察する。

（6） コレクタ損失 P_c の最大定格値を超えないようにすることの理由について考察する。

（7）　エミッタ接地増幅回路の電流増幅率と電圧増幅度について，その周波数特性を考察する。位相特性についても同様に検討する。

（8）　ベース接地回路およびコレクタ接地回路について考察し，それぞれの特徴を考える。

10.6　注　意　事　項

（1）　電源を入れる前に，トランジスタの型に対するバイアス電圧の極性を特に注意する。

（2）　直流の電圧と電流を測定するので，使用する電圧計と電流計の極性と接続のし方に注意する。

（3）　トランジスタの最大定格は比較的低いので，過大電流が流れないよう注意する。

11 電界効果トランジスタの静特性と増幅特性の測定

高入力インピーダンスを有する電界効果トランジスタ（FET）の静特性（直流電圧・電流特性）と増幅特性を測定し，その動作原理と増幅作用を理解する。

11.1 原　　　理

FET（field effect transistor）には接合形とMOS（metal oxide semiconductor）形があり，いずれも普通のトランジスタに比べ入力インピーダンスが非常に高く，動作原理も異なる。接合型では$10^8 \sim 10^{11}\,\Omega$程度，MOS形ではさらに高く$10^{12}\,\Omega$以上である。**図11.1**のFETの基本構造に示すように電流の通路をチャネルといい，不純物半導体の種類によりnチャネルとpチャネルがある。図はnチャネル接合型FETであり，n形半導体の両端に電極をつ

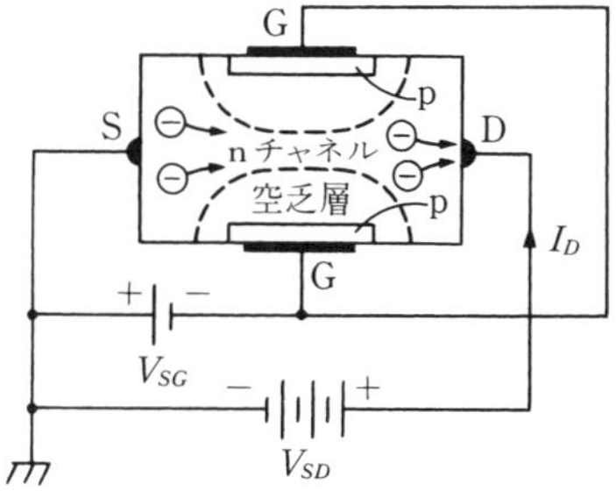

図11.1　FETの基本構造とソース接地回路

け，それぞれをソース（S），ドレーン（D）とし，その中間にp型半導体を成長させてチャネルを制御するゲート（G）電極を取り付ける。

ソース-ドレーン間に電圧 V_{SD} を加えると，V_{SD} に比例して電子をキャリヤとするドレーン電流 I_D が流れる。ここで，ソース-ゲート間に逆方向電圧 V_{SG} を加えるとゲート中のホールはゲート電極側に引かれ，チャネル中の電子はドレーン電極側に引き寄せられる。その結果，ゲート周辺のチャネルにはホールや電子のない空乏層ができる。V_{SG} を高めると空乏層は広がり，チャネル幅は狭まり，電流 I_D は流れにくくなる。したがって，V_{SG} に増幅すべき信号を加えると信号に対応して I_D が制御できる。ドレーン電極に負荷抵抗（R_L）を接続しておくと，その端子電圧 V_o は，$V_o = R_L I_D$ となり，入力信号を増幅した出力電圧が得られる。FET 増幅回路には図 11.1 のソースを共通にするソース接地回路のほかに，ゲート接地回路，ドレーン接地回路がある。

11.2 実　験　方　法

実験［1］ FET の静特性（I）― V_{SD}-I_D 特性の測定 ―

図 11.2 のソース接地回路を構成し，ゲート電圧 V_{SG} をパラメータの一定値にして，ドレーン電圧 V_{SD} を 0 〜 15 V に変化させてドレーン電流 I_D を測定する。

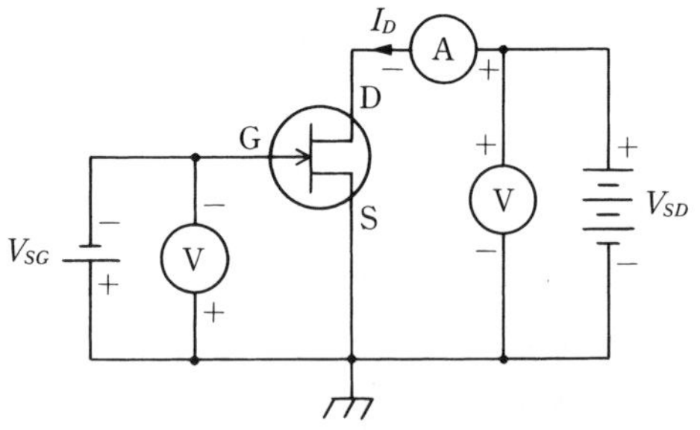

図 11.2　FET のソース接地回路と静特性の測定

実験［2］ FETの静特性(II) — V_{SG}-I_D 特性の測定 —

図11.2の回路を使って，$V_{SD}=5$〔V〕を一定に保ち，V_{SG} を負電圧から0Vまで変化させて I_D を測定する。また，$V_{SD}=10$〔V〕一定にして，同様に V_{SG} を変化させて I_D を測定する。

実験［3］ ソース接地増幅回路の入出力特性の測定

図11.3のソース接地増幅回路を構成し，入力信号 v_i に周波数1kHzの正弦波交流電圧を加え，出力信号 v_o を測定する。入力電圧を徐々に上げていき，このときの出力電圧をオシロスコープまたはディジタルマルチメータを用いて入出力特性を測定する。入出力信号波形を半透明紙にトレースして，その位相関係を調べる。

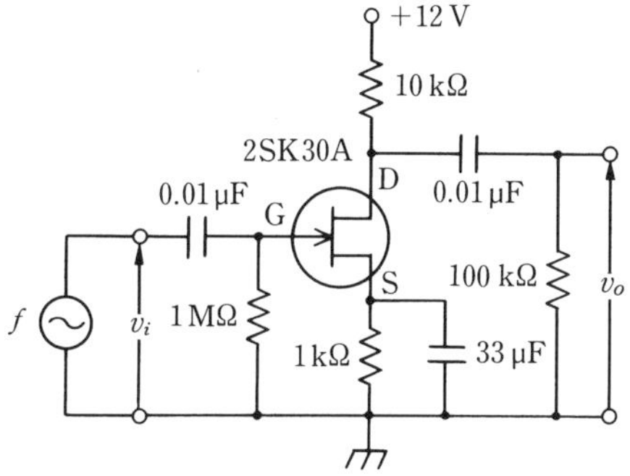

図11.3 ソース接地増幅回路

続いて，上の実験結果から入出力特性が直線的な部分の中間の入力電圧を基準にして（例えばpeak-to-peak値0.5V），この入力電圧を一定に保って，周波数を20Hzから200kHzまで変化させて，各周波数における出力電圧を測定する。入出力電圧の測定にはオシロスコープまたはディジタルマルチメータを用いる。

11.3 実験装置・使用器具

（1） トリプル直流電圧源（6V，0〜±15V）

（2） ディジタルマルチメータまたはテスタ

（3） 電流計（1，3，10，30 mA），電流計（0.1，0.3，1，3 mA）
電圧計（0.3，1，3，10 V），電圧計（3，10，30，100 V）
（4） ブレッドボード，リード線
（5） ファンクションジェネレータ
（6） FET（2 SK 30 A，2 SK 11）
（7） 抵抗素子（1，10，100 kΩ）
（8） コンデンサ（0.1，10 μF）

11.4 報　告　事　項

（1） 目的，原理および実験方法（日時，室温，使用器具名，配線図等）を明記する。

（2） 実験結果を図表にして報告書に挿入する。

（3） FET の電圧・電流特性（V_{SD}-I_D 特性）を方眼紙に図示して，その特徴を考察する。

（4） V_{SD}-I_D 特性において，$V_{SG}=0$ のときの V_{SD} の異なる数点（2～14 V）から内部抵抗 $r_d=\varDelta V_{SD}/\varDelta I_D$ を求める。

（5） FET の V_{SG}-I_D 特性を方眼紙に図示して，その特徴を考察する。

（6） V_{SG}-I_D 特性において，V_{SG} の異なる数点（−0.5～−3 V）から FET の相互コンダクタンス $g_m=\varDelta I_D/\varDelta V_{SG}$ を求める。

（7） 実験［3］について，入力信号と出力信号の波形を半透明紙または薬包紙にトレースして，整理して報告書に添付する。横軸，縦軸の数値と単位を明記する。

（8） ソース接地増幅回路の入出力特性（v_o/v_i）をグラフにして，その傾きから電圧増幅度を求める。

（9） また，電圧増幅度（v_o/v_i）の周波数特性を求め，表にまとめるとともに片対数グラフ（横軸：対数軸で周波数，縦軸：入出力比〔dB〕）に図示する。位相特性についてもグラフ化する。

11.5 考 察 事 項

（1） 実験結果に関する考察を行う。

（2） FET の動作原理と増幅作用について考察する。

（3） n チャネル FET と p チャネル FET の違いについて考察し，直流バイアス電圧のかけ方が異なる理由について考察する。

（4） ソース接地増幅回路の入出力特性と電圧増幅度について考察する。

（5） ソース接地増幅回路の電圧増幅度について，その周波数特性を考察する。位相特性についても同様に検討する。

（6） FET が高入力インピーダンス増幅素子である理由を考える。

（7） MOSFET と接合形 FET の違いとそれぞれの特長について考察する。

（8） ゲート接地回路およびドレーン接地回路について考察し，それぞれの特徴を考える。

（9） トランジスタとの違いを，構造，動作原理，特性について考察する。

11.6 注 意 事 項

（1） 電源を入れる前に，FET の型に対するバイアス電圧の極性を特に注意する。

（2） 直流の電圧と電流を測定するので，使用する電圧計と電流計の極性と接続のし方に注意する。

12 演算増幅器と増幅回路の基礎特性の測定

演算増幅器（オペアンプ，operational amplifier）を用いて RC 増幅回路を構成し，増幅回路の増幅度の周波数特性および位相特性を測定して，増幅器の原理，機能および利用法などを理解し，その基本的な知識を習得する。

12.1 原　　　理

演算増幅器は，差動増幅回路を集積化したもので，高利得，高 CMRR（同相除去比）を有する増幅器であり，当初アナログ計算機用に開発されたものであるが，生体信号の増幅，自動制御，オーディオ，通信機用など広い範囲で利用されている。**図 12.1** に示すように，差動増幅器はおもに差動入力型で構成され，－の反転入力端子と＋の非反転入力端子があり，二つの入力電圧の差が増幅され出力電圧が得られる。＋－端子入力間のインピーダンスを入力インピーダンス Z_i，出力電圧側に直列に接続されたインピーダンスを出力インピーダンス Z_o という。

理想的な演算増幅器は，差動電圧利得 A_d は無限大，同相電圧利得は 0，入力インピーダンス Z_i は無限大，出力インピーダンス Z_o は 0，CMRR は無限大（同相入力が入ったとき，出力が無視できるほど抑圧される）である。出力側から入力側に負帰還をかけた反転増幅回路を**図 12.2** のように構成すると

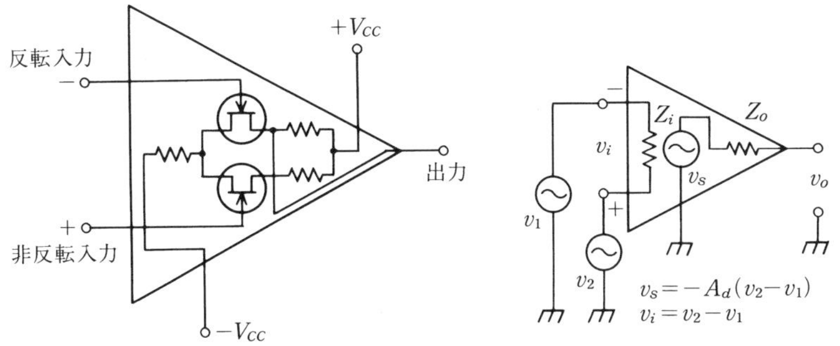

（a） FET 差動増幅回路による演算増幅器の基本構成　　（b） 演算増幅器の等価回路

図 12.1　演算増幅器の基本構成と等価回路

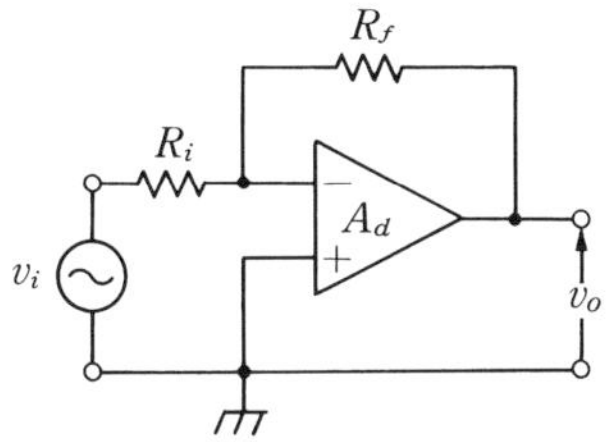

図 12.2　反転増幅回路

$$v_o=\frac{-1}{1+\dfrac{1}{A_d}\left(1+\dfrac{R_f}{R_i}\right)}\cdot\frac{R_f}{R_i}v_i \tag{12.1}$$

の関係が得られる。ここで R_i は入力抵抗，R_f は帰還抵抗である。差動利得 A_d が十分に大きいと $A_d \gg 1+R_f/R_i$ であるから

$$v_o=-\frac{R_f}{R_i}v_i \tag{12.2}$$

となり，出力 v_o は入力 v_i の R_f/R_i倍 された位相反転電圧が得られる。このときの電圧増幅度は，外付けの抵抗 R_f と R_i の値によって決定される。入力インピーダンスは $Z_i=R_i$ となり，出力インピーダンス Z_{of} は，$\beta=R_i/(R_i+R_f)$ とすると，近似的に $Z_{of}=Z_o/A_d\beta$ となる。

一方，**図 12.3** の非反転増幅回路では，入出力電圧の関係および電圧増幅度 A_c は近似的に

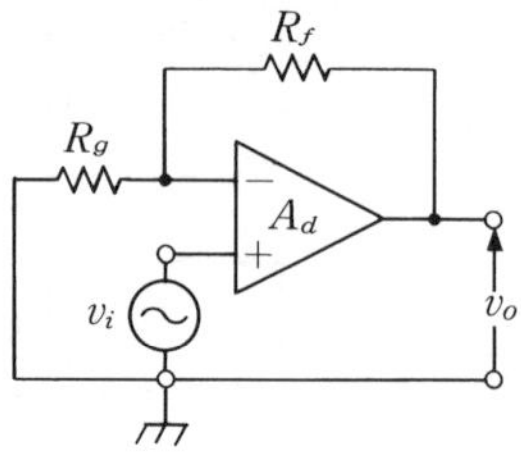

図 12.3　非反転増幅回路

$$v_o \doteqdot \frac{R_f+R_g}{R_g} v_i, \quad A_c=\frac{R_f+R_g}{R_g}=1+\frac{R_f}{R_g} \tag{12.3}$$

となり，入力インピーダンス Z_{in} は，$Z_{in}=Z_i(1+A_d\beta)$ となり無限大に近づく。出力インピーダンスは，ほぼ $Z_{of}=Z_o/A_d\beta$ である。

12.2 実　験　方　法

実験［1］ *RC* 増幅回路の線形増幅特性の測定

反転増幅回路と非反転増幅回路を構成し，入力電圧と出力電圧の関係を求め，増幅回路の増幅特性の測定を行い，線形性について検討する。

（1） **図 12.4** に示すようにブレッドボードを使い，オペアンプ，抵抗，コンデンサを取り付け *RC* 反転増幅回路を構成する。まずはじめに，R_i＝10〔kΩ〕，C_i＝0.4〔μF〕，R_f＝100〔kΩ〕，C_f＝100〔pF〕として，オペアンプには±15 V の直流バイアス電圧を印加する。入力側の 1-1′ 端子にファンクションジェネレータを接続し，正弦波交流信号を入力する。入力側 1-1′ 端子および出力側 2-2′ 端子にオシロスコープを接続し，入力電圧波形と出力電圧波形を観測する。ディジタルマルチメータまたはテスタを用いて，入力・出力電圧の実効値を測定してもよい。

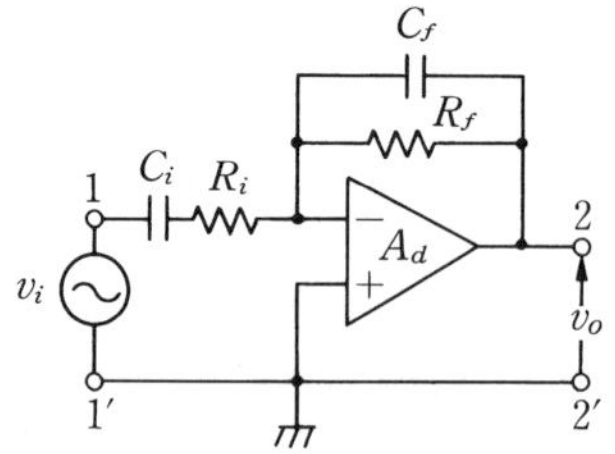

図 12.4　演算増幅器を用いた *RC* 増幅回路

1kHz の正弦波を入力信号とし，その電圧を peak-to-peak 値 0 ～ 3V まで変化させ，各入力電圧に対する増幅回路の出力電圧をオシロスコープで測定，記録する。このデータから入力電圧対出力電圧(v_o/v_i)のグラフを作る。

（2） 続いて，**表 12.1** の RC の他の組合せについても同様の実験を行う。

表 12.1 RC 増幅回路の抵抗とコンデンサの組合せ

条 件	R_i	C_i	R_f	C_f
（1）	10 kΩ	0.47μF	100 kΩ	100 pF
（2）	22 kΩ	0.47μF	100 kΩ	100 pF
（3）	10 kΩ	0.47μF	22 kΩ	100 pF

（3） 非反転増幅回路を構成して同様の実験を行う。

実験［2］ *RC* 増幅回路の周波数特性の測定

反転増幅回路と非反転増幅回路を構成し，入力電圧を一定電圧として，その周波数を変化させて出力電圧を測定し，増幅回路の周波数特性を求める。

（1） 図 12.4 の回路を使い，正弦波入力信号の peak-to-peak 値を 1V になるように調整し，以後入力電圧が一定であることを確かめながら周波数を 20 Hz ～ 200 kHz の範囲で変えて，各周波数における増幅回路の出力電圧をオシロスコープで測定する。横軸に周波数，縦軸に入力電圧に対する出力電圧の比(v_o/v_i)をとり，測定データをグラフにプロットして増幅回路の周波数特性を求める。また，入出力電圧の位相特性をオシロスコープの画面上で観測する。なお，増幅回路の抵抗とコンデンサの組合せは表 12.1 を使用する。

増幅回路の中域増幅度 A_m，低域遮断周波数 f_L，高域遮断周波数 f_H はそれぞれ次式で与えられる。

$$A_m = \left| -\frac{R_f}{R_i} \right| \tag{12.4}$$

$$f_L = \frac{1}{2\pi C_i R_i} \tag{12.5}$$

$$f_H = \frac{1}{2\pi C_f R_f} \tag{12.6}$$

（2） 非反転増幅回路についても同様の実験を行う。

実験［3］ *RC* 増幅回路の時定数の測定

ファンクションジェネレータの出力波形を方形波に切り換えて反転増幅回路に入力し，入力波形と増幅回路の出力波形をオシロスコープで観測して半透明紙にトレースする。**図 12.5** の過渡応答波形を参照して，記録波形から時定数 τ を測定する。入力方形波の周波数は低域遮断周波数以下（10 Hz 程度）にして，使用する抵抗とコンデンサの組合せは表 12.1 を使用する。

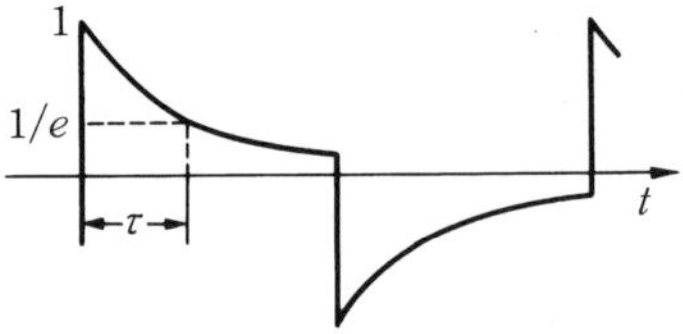

図 12.5　過度応答波形と時定数

実験［4］ 差動増幅回路の増幅特性の測定

図 12.6 に示すような演算増幅器を用いた差動増幅回路をブレッドボード上に構成し，外付け抵抗 R_1，R_3 を介してプラス端子とマイナス端子に入力信号 v_1，v_2 を加えると，$R_4/R_3=R_2/R_1$ の条件で出力電圧 v_o は

$$v_o=\frac{R_2}{R_1}(v_2-v_1) \tag{12.7}$$

となる。二つの入力信号が同位相のときにはたがいに打ち消しあい，雑音などの同位相で入る成分は減少する。差動増幅回路のこの能力の指標を同相成分除去比（common mode rejection ratio：CMRR）という。

$$\mathrm{CMRR}=\frac{\text{差動入力信号に対する利得（差動利得）}}{\text{同相入力信号に対する利得（同相利得）}} \tag{12.8}$$

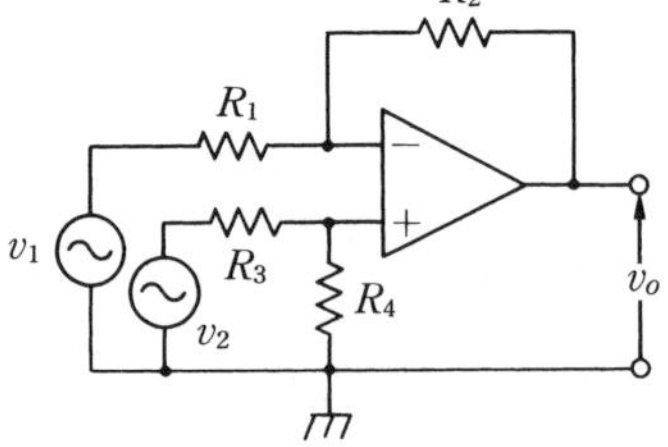

図 12.6　差動増幅回路

本実験では，R_1，R_2，R_3，R_4（$>20\,\mathrm{k\Omega}$）を適当に選び，$R_1=R_2$として，プラス側のR_3入力端を接地し，マイナス側のR_1に適当な振幅の正弦波入力v_1（1kHz）を加え，入出力電圧をオシロスコープで観測する。増幅度が1倍になっていることと両者の位相関係を確認する。つぎにマイナス側のR_1入力端を接地し，プラス側のR_3に正弦波入力v_2（1kHz）を加え，入出力電圧をオシロスコープで観測するとともに1倍の増幅度と入出力電圧の位相関係を確認する。＋－両入力端子を接続し，これと接地端子間にpeak-to-peak値1Vの正弦波を加え，出力電圧を測定する。以上の実験結果を用いてCMRRを計算する。

12.3 実験装置・使用器具

（1） オシロスコープ（2現象）

（2） オペアンプ（μA 741）

（3） 直流安定化電源（±15V）

（4） ファンクションジェネレータ

（5） ディジタルマルチメータまたはテスタ

（6） ブレッドボード，リード線

（7） 抵抗素子（10kΩ，22kΩ，100kΩ）

（8） コンデンサ（0.47μF，100pF）

12.4 報 告 事 項

（1） 目的，原理および実験方法（日時，室温，使用器具名，配線図等）を明記する。

（2） 実験結果を図表にして報告書に挿入する。半透明紙あるいは薬包紙に写し取った波形を整理して添付する。横軸，縦軸の数値と単位を明記する。

（3） 反転増幅回路の入出力電圧の関係をグラフにして，増幅特性の直線性と飽和特性を確かめる。出力電圧が飽和する値（クリッピングレベル）を求め，出力波形がどうなるかを調べる。また，直線の傾きから求めた増幅度と式

(12.2)の関係を比較検討する。表 12.1 の 3 種類の R と C の組合せについて増幅度の測定値と理論値を表にまとめる。

（4） 反転増幅回路の増幅度の周波数特性を片対数グラフにプロットする。横軸（片対数軸）に周波数を，縦軸に増幅度をとり，増幅度はデシベル表示することを心がける。また，入出力電圧の位相特性を同様に片対数グラフにプロットする。3 種類の R と C の組合せに対して，それぞれのグラフを作る。グラフより中域増幅度 A_m，低域遮断周波数 f_L，高域遮断周波数 f_H を求め，式(12.4)～(12.6)の理論値と比較して表にまとめる。

（5） 非反転増幅回路についても増幅度と周波数特性をグラフにして，上と同様にデータを表にまとめる。

（6） 半透明紙に写し取った増幅回路の出力波形より時定数を求め，理論値 $\tau = R_i C_i$ と比較し，表にまとめる。

（7） 差動増幅回路の増幅特性（差動利得と同相利得）を求め，CMRR とともに明記する。

12.5 考 察 事 項

（1） 実験結果に関する考察を行う。

（2） 式(12.1)および式(12.3)を導き，反転増幅，非反転増幅の意味を考える。

（3） 増幅とはどういうことかを考察する。

（4） 実験［1］について，グラフの直線の傾きから求めた増幅度と式(12.2)の関係（実測値と理論値）を比較検討し，その誤差について考察する。

（5） 増幅特性において，なぜ直線性から飽和特性が生じるかを考察する。

（6） 飽和すると出力波形はどうなるかを考察する。

（7） 実験［2］について，中域増幅度，低域遮断周波数，高域遮断周波数の実測値と理論値を比較し，その誤差の理由を考察する。

（8） オペアンプで作った増幅回路では，外付けの R と C によって増幅度の周波数特性を変えることができる。その理由を考察する。

（9）　低周波および高周波において増幅度が低下する理由を考える。

（10）　遮断周波数とは何かを考察する。

（11）　反転増幅回路の周波数に対する位相特性はどうなるかを考察する。

（12）　増幅回路の時定数は $\tau = C_i R_i$ に等しいことを確かめ，なぜかを考える。また，測定値と理論値を比較し，その誤差の理由を考察する。

（13）　時定数の値によって，方形波入力の出力波形がどのように変化するかを考察する。

（14）　時定数と遮断周波数との関係を考える。

（15）　演算増幅器（オペアンプ）の特徴と応用を調べる。

（16）　差動増幅回路の差動利得，同相利得および CMRR が妥当な値であるかどうかを検討する。また入力信号の周波数が高くなった場合，それぞれの特性がどうなるかを考察する。

（17）　CMRR が低いと出力信号はどういう影響を受けるかを考察する。

12.6　注　意　事　項

（1）　オペアンプの配置の仕方およびバイアス電圧の極性のかけ方に注意する。

（2）　オペアンプへの反転入力端子と非反転入力端子の極性を間違えないように注意する。

13 演算増幅器を用いた加算回路，積分回路，微分回路の構成と回路特性の測定

演算増幅器を用いて定数倍回路，インバータ，加算回路，積分回路，微分回路を構成し，これら演算回路の基礎特性を測定する。また，演算回路のいくつかを組み合わせ，簡単な微分方程式を解くアナログ計算機を作る。この実習では，それぞれの演算回路の仕組みと特性を理解するとともに，物理現象にみられる基本的な微分方程式を電子回路的に解くことを試みる。

13.1 原　　　理

13.1.1 定数倍回路，インバータ，加算回路

前章で述べたように，演算増幅回路は位相反転回路に入力インピーダンス Z_i および帰還インピーダンス Z_f を接続した負帰還増幅器で構成されている。理想的な演算増幅器は，増幅率が A_d で，出力信号が入力信号と逆位相となり，また入力インピーダンスは無限大で出力インピーダンスはゼロである。したがって，**図 13.1** の回路においては，入力側インピーダンス Z_i に流れ込む電流 i はすべて帰還インピーダンス Z_f を通って位相反転増幅回路の出力側に流れるものと仮定できる。

Z_i と Z_f をそれぞれ純抵抗 R_i と R_f として，$A_d \gg 1+R_f/R_i$ とすると

$$v_o \fallingdotseq -\frac{R_f}{R_i}v_i = -Mv_i \tag{13.1}$$

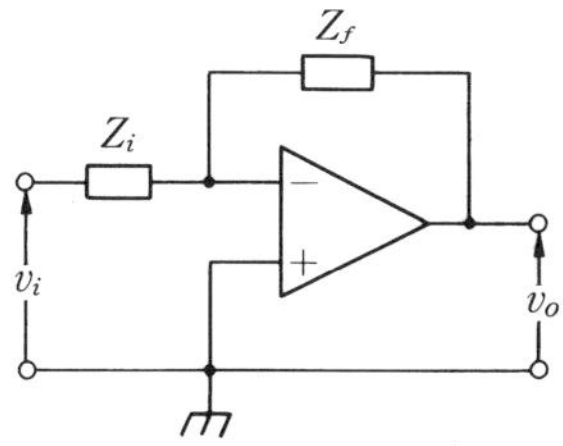

図 13.1　演算回路の基本構成

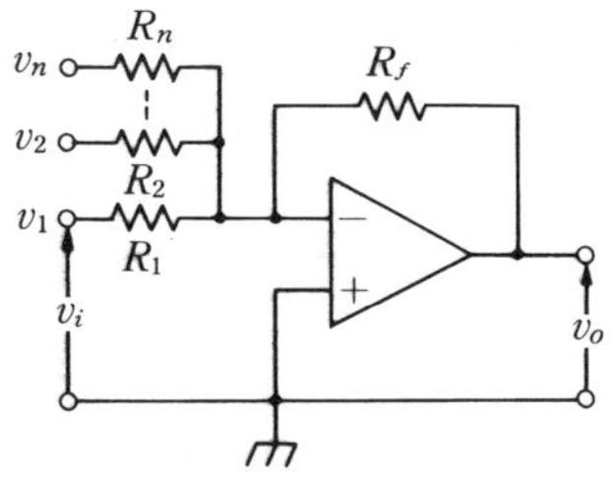

図 13.2　加算回路

となる。すなわち，その出力 v_o には，入力 v_iが $M(=R_f/R_i)$倍されて位相の反転した電圧が得られる。これが定数倍回路（図 13.5）であるが，特に $R_f=R_i$ のときには

$$v_o=-v_i \tag{13.2}$$

となり，入力信号の符号を反転させることができる。これが演算回路のインバータである。

つぎに，**図 13.2** のように入力側インピーダンスの数を n 個に増やし，各入力端子に n 個の入力電圧 v_1，v_2，…，v_n をそれぞれ加えた場合を考える。帰還インピーダンスを R_f として，増幅率の条件を

$$A_d \gg 1+\frac{R_f}{R_1}+\frac{R_f}{R_2}+\cdots+\frac{R_f}{R_n} \tag{13.3}$$

とすれば，近似的につぎの関係が成立する。

$$v_o \fallingdotseq -\left(\frac{R_f}{R_1}v_1+\frac{R_f}{R_2}v_2+\cdots+\frac{R_f}{R_n}v_n\right) \tag{13.4}$$

これは，図の回路において，各入力電圧にそれぞれ定数倍演算を行ったものの加算が得られることを示している。入力抵抗 R_i(i=1,n)，R_f をすべて等しく選ぶと，式(13.4)は

$$v_o \fallingdotseq -(v_1+v_2+\cdots+v_n) \tag{13.5}$$

となり，出力信号は反転しているが，単純な加算回路ができ上がる。

13.1.2　積分回路（ミラー積分器）

図 13.1 の基本回路において，入力側インピーダンス Z_i を純抵抗 R，帰還インピーダンス Z_f をコンデンサ C とすれば，**図 13.3** に示す回路構成となり，次式が成立する。

$$-\left(1+\frac{1}{\mu}\right)v_o=\frac{1}{CR}\int_o^t\left(v_i+\frac{v_o}{A_d}\right)dt+v_{init} \tag{13.6}$$

演算増幅器の増幅率 A_d が十分大きければ近似的に

$$v_o\fallingdotseq-\frac{1}{CR}\int_o^t v_i dt-v_{init} \tag{13.7}$$

となる。すなわち，この回路は初期条件（初期値）を v_{init} として，入力電圧 v_i を時間 t で積分した出力電圧 v_o が得られる積分回路であり，これを特にミラー積分器と呼ぶ。$CR=1$ に設定すると，まさに入力信号の積分値が出力信号となる。

$$v_o\fallingdotseq-\int_o^t v_i dt-v_{init} \tag{13.8}$$

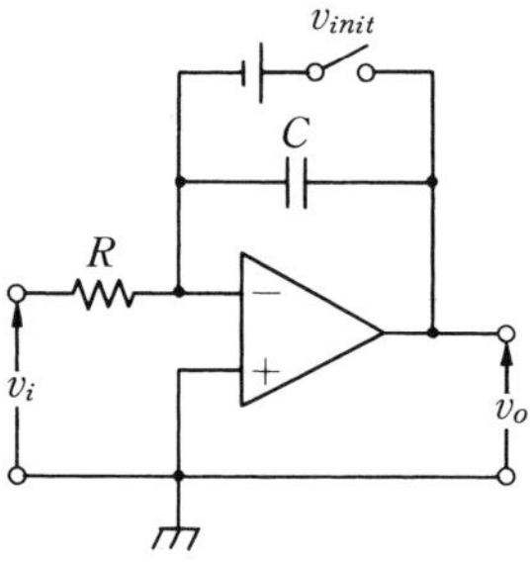

図 13.3　積分回路（ミラー積分器）

また，入力端子に加算のときのように，多数の抵抗 $R_i(i=1\sim n)$ を付けると，加算積分器として働き，つぎに示す結果を与える。

$$v_o\fallingdotseq-\left[\frac{1}{CR_1}\int_o^t v_1 dt+\frac{1}{CR_2}\int_o^t v_2 dt+\cdots+\frac{1}{CR_n}\int_o^t v_n dt\right]-v_{init} \tag{13.9}$$

13.1.3 微 分 回 路

図13.1の基本回路において，入力側インピーダンス Z_i をコンデンサ C，帰還インピーダンス Z_f を純抵抗 R とすれば，**図13.4**に示す回路構成となり，次式が成立する。

$$v_o \fallingdotseq -CR\frac{dv_i}{dt} \tag{13.10}$$

すなわち，この回路は，入力電圧 v_i を時間 t で微分した出力電圧 v_o が得られる微分回路であり，$CR=1$ に設定すると，まさに入力信号の微分値が出力信号となる。

$$v_o \fallingdotseq -\frac{dv_i}{dt} \tag{13.11}$$

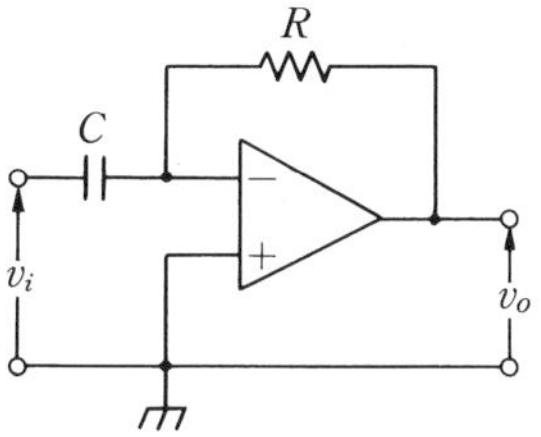

図13.4 微分回路

13.2 実 験 方 法

実験［1］ 定数倍回路の特性測定

演算増幅器，入力抵抗 R_i（100 kΩ，200 kΩ，1 MΩ）および帰還抵抗 R_f（1 MΩ）を組み合わせて，ブレッドボード上に**図13.5**の演算増幅回路を作り，R_i を種々の値に選定して，直流入力電圧 v_i を0 V から徐々に上げていき，そのときの出力電圧 v_0 を測定する。v_i の極性を変えて，同様に v_o を測定する。方眼紙の横軸に v_i，縦軸に v_o をとり，定数倍回路の特性を図示し，式(13.1)が成立していることを確かめる。

演算増幅器を使用するに際しては，入力端子を接地して $v_i=0$ としたときの出力電圧（オフセット）をチェックしておく必要がある。入力電圧は直流でな

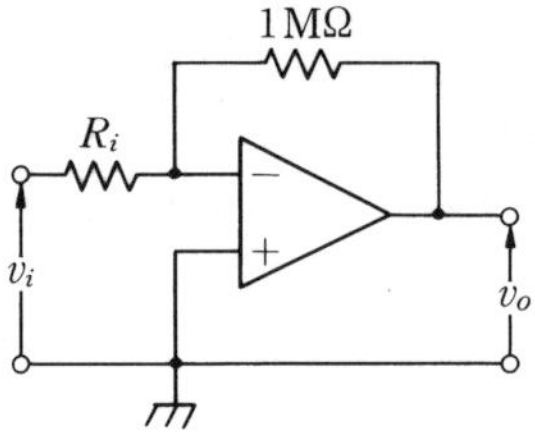

図 13.5　定数倍回路

く，一定振幅の正弦波交流電圧（$1\,V_{p-p}$，$1\,kHz$）を用いてもよい。実験結果から，オフセット電圧と出力電圧が飽和する値（クリッピングレベル）を求める。また，$R_f/R_i=1$ のとき入力電圧と出力電圧の関係を調べ，インバータとなっていることを確かめる。

実験［2］　加算回路の特性測定

図 13.6 の回路を構成し，入力抵抗 R_1 および R_2，帰還抵抗 R_f および入力電圧 v_1，v_2 を種々の値に選定して，出力電圧 v_o を測定し，次式が成立していることを確かめる。また，$R_1=R_2=R_f$ として $v_o=-(v_1+v_2)$ が得られることを確かめる。

$$v_o=-\left(\frac{R_f}{R_1}v_1+\frac{R_f}{R_2}v_2\right) \tag{13.12}$$

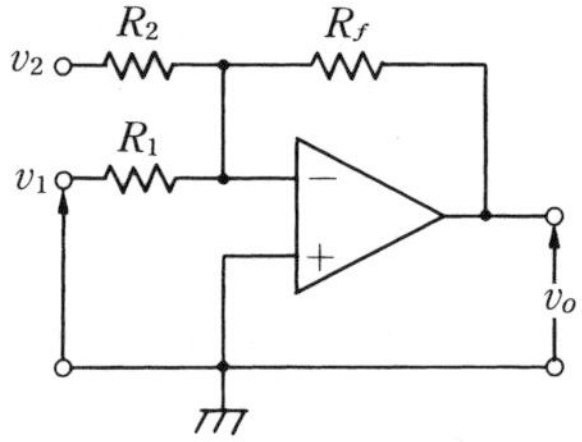

図 13.6　2 入力加算回路

ブレッドボード上に入力抵抗 R_3 を追加して，3 入力の加算回路が簡単に作れるので，その特性を測定するのもよい。

実験［3］　積分回路（ミラー積分器）の特性測定

（1）　増幅増幅器，入力抵抗 R（1MΩ）および帰還インピーダンスのコンデンサ C（1μF）を組み合わせて，図 13.3 のミラー積分器を作り，入力電圧

v_i を直流の一定電圧としたとき，出力電圧 v_o がどのように変化するかをオシロスコープまたはペン書きレコーダで観察・記録する。この回路が式(13.8)の関係を満足していることを確かめる。また，つぎの条件のもとで，出力電圧がどうなるかを検討する。

（a） 初期値を 0 としたとき

（b） 初期値を v_{init}（例えば，±6 V）にしたとき

（c） R または C の値を変えたとき（例えば，R=1〔kΩ〕，C=0.1〔μF〕）

以上の実験で，出力の演算増幅器のクリッピングレベルを考慮し，クリッピングレベルを超えたら，入力電圧の印加を中止する。

（2） R=1〔MΩ〕，C=1〔μF〕として，ファンクションジェネレータから適当な一定振幅の正弦波信号を加え，回路の周波数特性（10 Hz ～ 100 kHz に対する入出力電圧の振幅と位相の関係）を測定する。R と C の値を変えて，同様の実験を行う。

（3） 上記の回路を用いて，ファンクションジェネレータから一定振幅で適当な周波数（10 Hz ～ 100 kHz）の矩形波信号を加え，入出力波形を記録し，積分回路としての特性を調べる。時定数 $\tau=CR$，入力矩形波の周期 T（周波数の逆数 $1/f$）に対する出力波形の関係を求める。

実験［4］ 微分回路の特性の測定

（1） 演算増幅器，入力側インピーダンスのコンデンサ C（0.1μF，0.47 μF，1μF）および帰還抵抗 R（10 kΩ ～ 1 MΩ）を組み合わせて，図 13.4 の微分回路を構成し，ファンクションジェネレータから適当な一定振幅の正弦波信号を加え，回路の周波数特性（10 Hz ～ 100 kHz に対する振幅と位相の関係）を測定する。

（2） ファンクションジェネレータから一定振幅で適当な周波数（10 Hz ～ 1 kHz）の矩形波を加え，出力波形と入力波形の関係を記録し，微分回路としての特性を調べる。時定数 $\tau=CR$，入力矩形波の周期 T（周波数の逆数 $1/f$）に対する出力波形の関係を求める。

実験［5］ アナログ計算回路の作成と微分方程式の解法

（1） **図13.7**の回路は式(13.13)に示す一階微分方程式に対応する演算回路であり，例えば，RC回路の過渡現象や放射性物質の崩壊現象を表すことができる。この回路において $R=1$〔MΩ〕，$C=1$〔μF〕で $CR=1$，出力電圧 y をポテンショメータPで分圧（分圧比 $0<k\leqq 1$）し，初期値 $y_0=6$ V としたとき，この解 y をレコーダに記録する。また，k の値の変化に対してその解の様子がどのように変化するかを検討する。

$$\frac{dy}{dt}=-ky \quad (\text{ただし，} t=0 \text{ で } y=y_0) \tag{13.13}$$

$$y=y_0\exp(-kt) \tag{13.14}$$

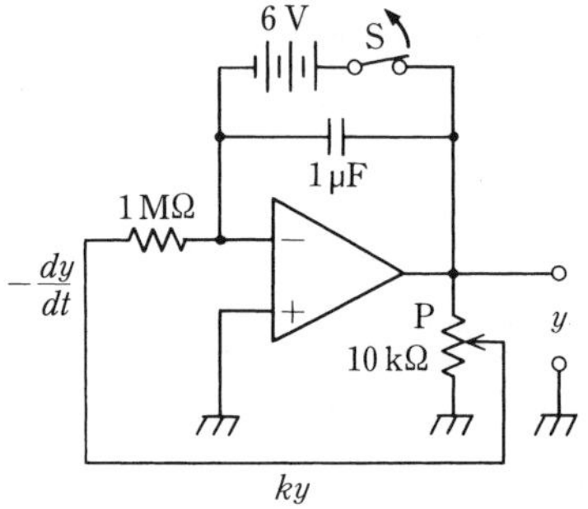

図13.7 一階微分方程式を表す演算回路

$t=0$ のときの初期値 y_0 は，図の積分器のコンデンサにあらかじめ蓄えた電荷の電圧で与え，演算開始と同時にスイッチSを開いて y の変化を記録する。ポテンショメータの両端の抵抗値と k にしたときの抵抗値をテスタで測定し，その比から k の値を正しく求めておく。このとき，ポテンショメータの接続は回路から切り離しておく。

（2） 単振動を表す方程式は式(13.15)の二階微分方程式で与えられ，初期条件を $t=0$ で $y=y_0$，$dy/dt=0$ とするとその解は式(13.16)で表される。また，このような単振動現象を**図13.8**の演算回路で実現できる。

$$\frac{d^2y}{dt^2}=-\omega^2 y \tag{13.15}$$

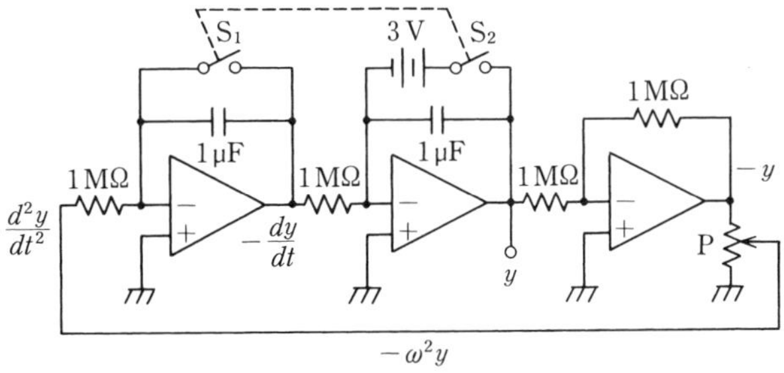

図 13.8 二階微分方程式を表す演算回路

$$y = y_0 \cos \omega t \tag{13.16}$$

本実験では，まず図の積分器の連動スイッチ S_1，S_2 を閉じて初期値を与えてから，$t=0$ の演算開始と同時にスイッチ S_1，S_2 を開いて y の変化を記録する。ポテンショメータ P の値を変えて ω^2 の値を変化させ，出力電圧 y を観察し，ω^2 の値と振動周期の関係を調べる。また，X-Y レコーダの X 軸に y を，Y 軸に dy/dt を描かせ，どのような曲線（リサージュ図形）になるかを記録する。$\omega=1$ のときリサージュ図形は円となるが，$\omega \neq 1$ のときにどうなるかを調べる。

13.3 実験装置・使用器具

（1） 直流定電圧電源
（2） ファンクションジェネレータ
（3） 2 現象オシロスコープ
（4） ペン書きレコーダ，X-Y レコーダ
（5） ディジタルマルチメータまたはテスタ
（6） ブレッドボード，リード線
（7） 演算増幅器（μA 741）
（8） 抵抗素子
（9） コンデンサ

13.4 報　告　事　項

（1）　目的，原理および実験方法（日時，室温，使用器具名，配線図等）を明記する。

（2）　実験結果を図表にして報告書に挿入する。半透明紙あるいは薬包紙に写し取った波形を整理して添付する。横軸，縦軸の数値と単位を明記する。

（3）　実験［1］に関して，各入力抵抗 R_i と帰還抵抗 R_f の組合せに対する入力電圧 v_i と出力電圧 v_o の関係をグラフに描き，定数倍回路およびインバータの特性を示す。

（4）　定数倍 M の理論値と測定値を比較し，式(13.1)が成立していることを確かめる。両者が異なる場合にはその違いについて考察する。また，オフセット電圧とクリッピングレベルの値を示す。

（5）　実験［2］の測定結果を表にまとめ，式(13.2)が成立していることを確かめる。表には $R_1 = R_2 = R_f$ の加算回路の測定結果を含める。

（6）　実験［3］の（1）の測定結果をグラフに図示し，（a）初期値を0としたとき，（b）初期値を v_{init} にしたとき，（c）R または C の値を変えたときの出力電圧の違いを比較する。

（7）　実験［3］の（2）について，R と C の組合せに関するそれぞれの周波数特性を片対数グラフに図示し，入出力比の周波数特性が 3dB 低下する周波数（遮断周波数）を求め，理論値と比較する。

（8）　実験［3］の（3）の測定結果を図示し，積分回路としての特性を調べる。時定数 $\tau = CR$，入力矩形波の周期 T（周波数の逆数 $1/f$）と出力波形の関係をまとめる。

（9）　実験［4］の（1）について，コンデンサ C と抵抗 R の組合せに対して微分回路の周波数特性を片対数グラフに図示し，入出力比の周波数特性が 3dB 低下する周波数（遮断周波数）を求め，理論値と比較する。

（10）　実験［4］の（2）の測定結果を図示し，微分回路としての特性を調べる。時定数 $\tau = CR$，入力矩形波の周期 T（周波数の逆数 $1/f$）と出力波形の関係を求める。

(11) 実験［5］の（1）について，種々の k に対する出力電圧 y の変化を図示し，理論値と比較する。$y=y_0/2$ となる t の値と k の関係を調べる。

(12) 実験［5］の（2）について，種々の ω^2 に対する出力電圧 y の変化を図示し，理論値と比較する。ω^2 の値と振動周期の関係を調べるとともに，種々の ω に対する y と dy/dt のリサージュ図形がどうなるかを図示する。

13.5 考 察 事 項

（1） 実験結果に関する考察を行う。

（2） 式(13.1)，(13.6)，(13.10)を導き，測定値が理論値に一致するかを検討する。

（3） 演算回路の特性としてオフセットとクリッピングが生じる理由を考える。

（4） 加算回路の測定値と理論値を比較検討し，その誤差が生じる理由を考察する。

（5） 積分回路がどのような周波数特性を示すかを考察し，回路がローパスフィルタ，ハイパスフィルタ，バンドパスフィルタのいずれであるかを検討する。入出力比の周波数特性が 3 dB 低下する周波数（遮断周波数）を求め，理論値と比較検討する。

（6） 積分回路で矩形波を入力したときの出力波形が，矩形波の周波数と時定数 $\tau=CR$ によって厳密な積分波形になっているかどうかを検討する。

（7） 微分回路がどのような周波数特性を示すかを考察し，回路がローパスフィルタ，ハイパスフィルタ，バンドパスフィルタのいずれであるかを検討する。入出力比の周波数特性が 3 dB 低下する周波数（遮断周波数）を求め，理論値と比較検討する。

（8） 微分回路で矩形波を入力したときの出力波形が，矩形波の周波数と時定数 $\tau=CR$ によって厳密な微分波形になっているかどうかを検討する。

（9） 式(13.13)と(13.15)の微分方程式の解が，図 13.7 および図 13.8 の回路で得られる理由を考える。

(10)　実験［5］の（1）について，$y=6\exp(-kt)$を数値計算して，記録した波形と比較検討し，その誤差について検討する。なお，放射性物質の崩壊現象に関して$y=y_0/2$となるtの値は半減期と呼ばれるが，半減期がkの値によってどう変化するかを考察する。

(11)　実験［5］の（2）について，$y_0=3$〔V〕に対する$y=3\cos\omega t$の測定値と計算による理論値を比較検討する。

(12)　実験［5］の（2）の単振動現象でωによってyとdy/dtのリサージュ図形がいろいろ変化する理由を考察する。

(13)　次式で表される減衰振動の微分方程式を演算回路で構成するにはどうすればよいかを考察する。また，αの値によって減衰振動がどのように変化するかを検討する。

$$\frac{d^2y}{dt^2}=-2\alpha\frac{dy}{dt}-\omega^2 y \tag{13.17}$$

13.6　注　意　事　項

（1）　図 13.3 の積分回路の設計において，コンデンサCに並列にRの約 100 倍程度の抵抗を接続する。また，Rに等しい抵抗で演算増幅器のプラス端子を接地する。

（2）　実験［5］のアナログ演算を行うにあたり，スイッチの開閉順番には十分に注意する。

14 フィルタの周波数特性の測定

フィルタの原理を理解するとともにフィルタの設計法について学ぶ。インダクタンスとコンデンサを用いた *LC* フィルタを実際に設計・製作して，その特性を測定する。また，演算増幅器を用いた *RC* アクティブフィルタについても同様な実験を行い，その周波数特性からフィルタの信号処理機能を理解する。

14.1 原　理

フィルタは，入力信号の持つ周波数成分のうち，ある周波数成分を通過または阻止する機能を持つ信号処理器のことであり，所望の周波数信号を取り出したり，雑音の除去などに利用される。フィルタは通過周波数帯域に応じてつぎの4種類に分けられる。

a)　低域通過フィルタ（low pass filter：LPF）

b)　高域通過フィルタ（high pass filter：HPF）

c)　帯域通過フィルタ（band pass filter：BPF）

d)　帯域阻止フィルタ（band elimination filter：BEF）

それぞれのフィルタの理想的な特性は，入力信号 v_1 と出力信号 v_2 の比である伝達関数

$$H(j\omega)=\frac{V_2(j\omega)}{V_1(j\omega)} \tag{14.1}$$

の振幅 $|\mathrm{H}(j\omega)|$ が**図 14.1** に示すようなものとなる。例えば，LPF を通すと信号は 0 から f_c の周波数まで減衰なしに伝送できるが，f_c よりも大きい周波数成分を遮断してしまうものであり，この f_c を遮断周波数（cut-off frequency）という。0 ～ f_c 間の周波数を通過帯域，f_c より大きな周波数を減衰帯域という。

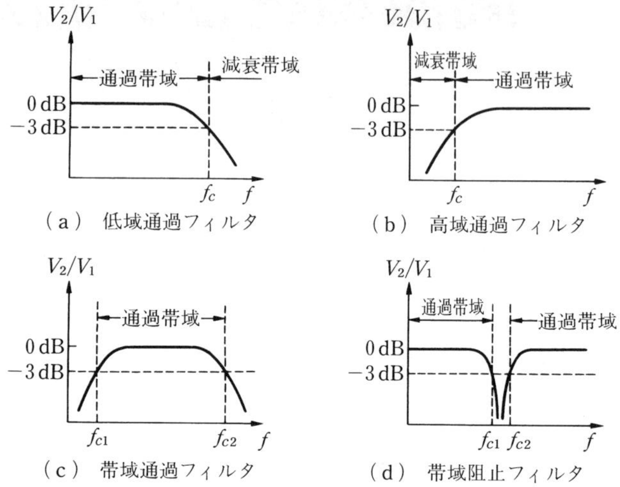

図 14.1　フィルタの種類と周波数特性

フィルタには構成する素子によっていろいろなものがあり，大別してアナログフィルタとディジタルフィルタに分けられる。本実験ではアナログフィルタのみを取り扱うが，これも

アナログフィルタ
- *LC* フィルタ
- *RC* アクティブフィルタ
- メカニカルフィルタ，水晶フィルタ

のように分類される。リアクタンス素子の L と C で構成される LC フィルタは，最も一般的に用いられている。RC アクティブフィルタは，LC フィルタを小形化するときの障害となるコイル（L）を使わず，それに代わってオペアンプなどのアクティブ素子と R，C を用いてフィルタを構成したもので IC 化に適している。

二つの入力端子と二つの出力端子を1対として内部の実際構造を問題にしない**図14.2**のような回路を二端子対回路といい，入力端子の電圧 V_1，電流 I_1 と出力端子の電圧 V_2，電流 I_2 との関係は

$$V_1 = AV_2 + BI_2$$
$$I_1 = CV_2 + DI_2 \qquad (14.2)$$

で表される。A，B，C，D は回路に固有の定数で周波数によって変化し，一般には複素数である。回路中に電源を含まず，R，L，C，M（相互インダクタンス）の受動素子のみからなる場合は，AD−BC=1 の関係がある。

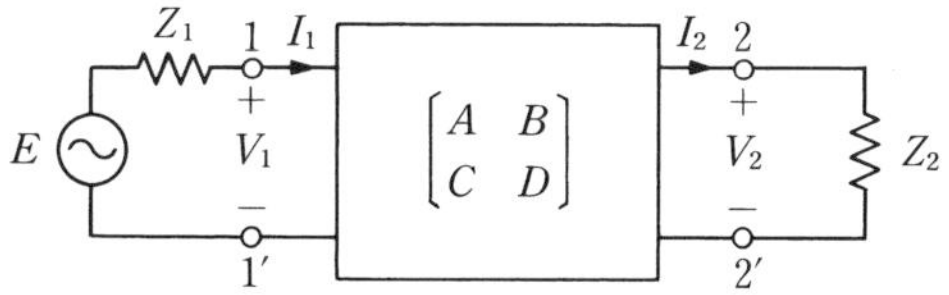

図14.2　二端子対回路

図のように二端子対回路の両側にインピーダンス Z_1，Z_2 および信号源 E を接続したとき，回路の 1-1′ 端子から右をみたインピーダンス Z_{i1} と 2-2′ 端子から左をみたインピーダンス Z_{i2} は

$$Z_{i1} = \frac{V_1}{I_1} = \frac{AZ_2 + B}{CZ_2 + D} \qquad (14.3)$$

$$Z_{i2} = \frac{V_2}{I_2} = \frac{DZ_1 + B}{CZ_1 + A} \qquad (14.4)$$

と表される。ここで，$Z_{i1} = Z_1$，$Z_{i2} = Z_2$ であれば，1-1′ 端子，2-2′ 端子において両側をみたインピーダンスは鏡像の関係になっていて，Z_{i1}，Z_{i2} をそれぞれ入力側，出力側の影像インピーダンスという。

いま，Z_1，Z_2 の代わりに Z_{i1}，Z_{i2} を接続したとき，入力側より供給する電圧，電流の積と出力側で消費される電力の比の対数の 1/2 を γ で表し，これを影像インピーダンスを接続したときの伝達定数（transfer constant）という。すなわち

$$\gamma = \frac{1}{2}\log_e \frac{P_1}{P_2} = \frac{1}{2}\log_e \frac{V_1 I_1}{V_2 I_2} \qquad (14.5)$$

と表され，式(14.1)と同様な特性を示す。$V_1=I_1Z_{i1}$，$V_2=I_2Z_{i2}$ であるから

$$\gamma=\log_e(\sqrt{AD}+\sqrt{BC}) \tag{14.6}$$

となる。これより

$$e^{\gamma}=\sqrt{AD}+\sqrt{BC} \tag{14.7}$$

受動素子で構成される回路では $AD-BC=1$ の関係があるので

$$e^{-\gamma}=\sqrt{AD}-\sqrt{BC} \tag{14.8}$$

式(14.7)，(14.8)から

$$\cosh\gamma=\sqrt{AD},\quad \sinh\gamma=\sqrt{BC},\quad \tanh\gamma=\sqrt{\frac{BC}{AD}} \tag{14.9}$$

γ は一般に複素数であり，これを実数部と虚数部に分けて

$$\gamma=\alpha+j\beta \tag{14.10}$$

で表したとき，実数部 α は減衰を表すから減衰定数（attenuation constant），β は位相を表すから位相定数（phase constant）という。

14.1.1　*LC* フィルタ

〔1〕 低域通過フィルタ

L と C で**図 14.3** の逆 L 形回路を構成した場合，Z_1，Z_2 が逆回路，すなわち $Z_1\cdot Z_2=R_0{}^2$（純抵抗）の関係にあるとき，この回路を定 K 形フィルタといい，R_0 を公称インピーダンスという。LC 低域通過フィルタは

$$Z_1=j\omega L_1,\quad Z_2=\frac{1}{j\omega C_2} \tag{14.11}$$

で構成されるが，公称インピーダンス R_0 は

$$R_0=\sqrt{\frac{L_1}{C_2}} \tag{14.12}$$

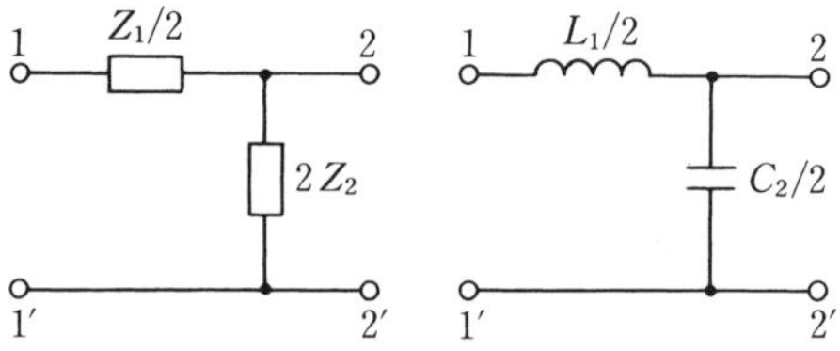

図 14.3　逆 L 形回路と LC 低域通過フィルタ

となり，遮断周波数 f_c は減衰定数 α の特性から決まり

$$\left|\frac{Z_1}{2R_0}\right|=\frac{X_1}{2R_0}=\pm 1$$

の関係から求まる。したがって，$X_1=\omega_c L_1=2\pi f_c L_1$ を代入して

$$f_c=\frac{R_0}{\pi L_1}=\frac{1}{\pi\sqrt{L_1C_2}} \tag{14.13}$$

と表され，$0<f<f_c$ の通過帯域を持つ。

〔2〕 **高域通過フィルタ**

高域通過フィルタは，**図 14.4** のように $Z_1=1/(j\omega C_1)$，$Z_2=j\omega L_2$ で構成されるが，R_0，f_c は低域フィルタと同様にして

$$R_0=\sqrt{\frac{L_2}{C_1}} \tag{14.14}$$

$$f_c=\frac{1}{4\pi\sqrt{L_2C_1}} \tag{14.15}$$

と表され，$f_c<f<\infty$ の通過帯域を持つ。

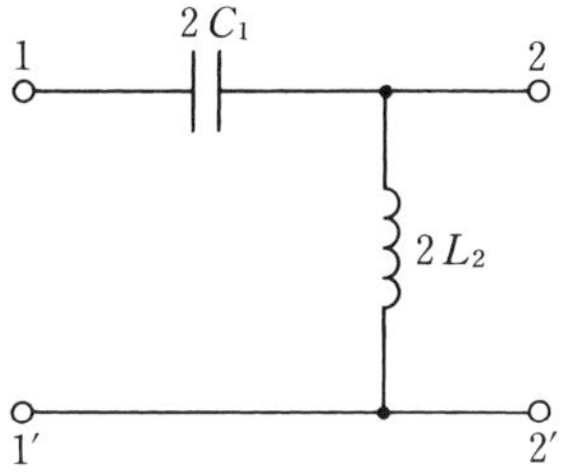

図 14.4 高域通過フィルタ

〔3〕 **帯域通過フィルタ**

帯域通過フィルタは，**図 14.5** に示すように

$$Z_1=j\omega L_1+\frac{1}{j\omega C_1}\ ,\quad Z_2=\frac{1}{j\omega C_2+\dfrac{1}{j\omega L_2}} \tag{14.16}$$

で構成され

$$R_0=\sqrt{\frac{L_1}{C_2}}=\sqrt{\frac{L_2}{C_1}} \tag{14.17}$$

のとき，定K形フィルタとなる。通過帯域の中心周波数 f_0 は

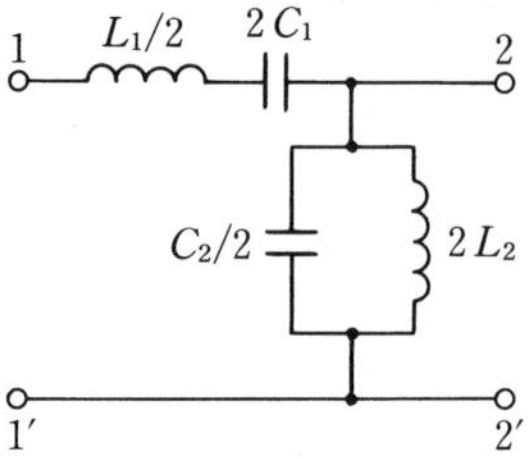

図 14.5　帯域通過フィルタ

$$f_0=\frac{1}{2\pi\sqrt{L_1C_1}}=\frac{1}{2\pi\sqrt{L_2C_2}} \tag{14.18}$$

で与えられる。$X_1/(2R_0)=\pm 1$ となる周波数が遮断周波数 f_{c1}，f_{c2} ($f_{c1}<f_{c2}$) となり

$$f_{c1}\cdot f_{c2}=f_0{}^2 \tag{14.19}$$

$$\frac{\pi L_1}{R_0}=\frac{1}{f_{c2}-f_{c1}} \tag{14.20}$$

の関係がある。このフィルタでは，$f<f_{c1}$，$f>f_{c2}$ が減衰域，$f_{c1}<f<f_{c2}$ が通過域となる。$\Delta f=f_{c2}-f_{c1}$ を通過帯域幅という。

〔4〕 帯域阻止フィルタ

帯域阻止フィルタは**図 14.6** に示すように

$$Z_1=\frac{1}{j\omega C_1+\dfrac{1}{j\omega L_1}}\ ,\quad Z_2=j\omega L_2+\frac{1}{j\omega C_2} \tag{14.21}$$

で構成され

$$R_0=\sqrt{\frac{L_1}{C_2}}=\sqrt{\frac{L_2}{C_1}} \tag{14.22}$$

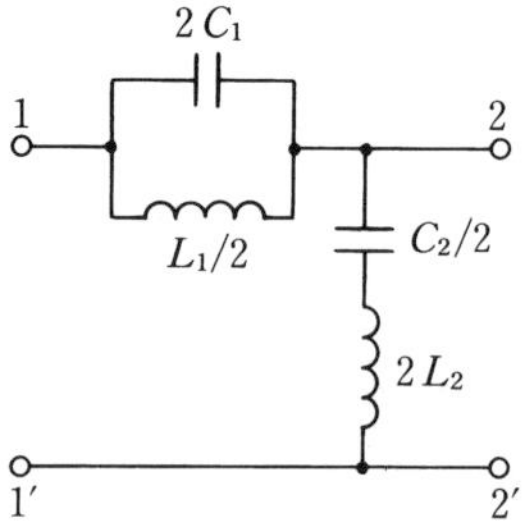

図 14.6　帯域阻止フィルタ

のとき，定K形フィルタとなる。阻止帯域の中心周波数 f_0 は

$$f_0 = \frac{1}{2\pi\sqrt{L_1C_1}} = \frac{1}{2\pi\sqrt{L_2C_2}} \tag{14.23}$$

で与えられる。$X_1/(2R_0) = \pm 1$ となる周波数が遮断周波数 f_{c1}，f_{c2} $(f_{c1} < f_{c2})$ となり

$$f_{c1} \cdot f_{c2} = {f_0}^2 \tag{14.24}$$

$$\frac{\pi L_1}{R_0} = \frac{f_{c2} - f_{c1}}{{f_0}^2} \tag{14.25}$$

の関係がある。このフィルタでは，$f_{c1} < f < f_{c2}$ が減衰域，$f < f_{c1}$，$f > f_{c2}$ が通過域となる。$\Delta f = f_{c2} - f_{c1}$ を阻止帯域幅という。

14.1.2 *RC* アクティブフィルタ

RC アクティブフィルタは抵抗とコンデンサと演算増幅器で構成できるので IC 化が可能である。**図 14.7** は低域通過フィルタの代表例であるが，入力信号 v_1 と出力信号 v_2 間の伝達関数 $|H(j\omega)|$ は

$$|H(j\omega)| = \frac{K}{\sqrt{\left\{1-\left(\dfrac{\omega}{\omega_0}\right)^2\right\}^2 + \left(\dfrac{\omega}{\omega_0}\right)^2 \left\{\sqrt{\dfrac{C_2R_2}{C_1R_1}} + \sqrt{\dfrac{C_2R_1}{C_1R_2}} + (1-K)\sqrt{\dfrac{C_1R_1}{C_2R_2}}\right\}^2}} \tag{14.26}$$

遮断周波数と回路の Q 値，また正相増幅利得 K は次式で与えられる。

$$\omega_0{}^2 = \frac{1}{C_1C_2R_1R_2} \tag{14.27}$$

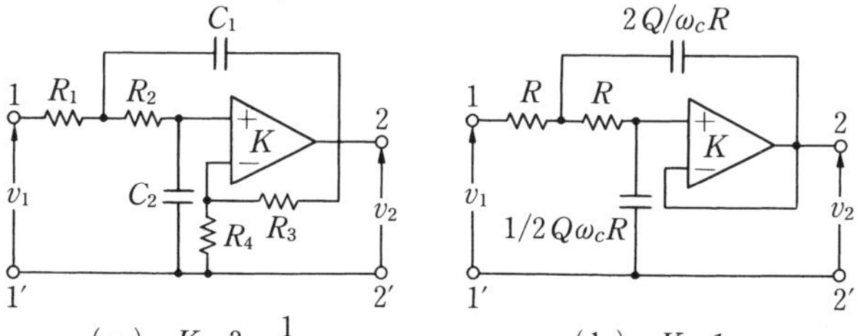

（a）$K = 3 - \dfrac{1}{Q}$　　（b）$K = 1$

図 14.7　*RC* アクティブフィルタ

$$Q=\frac{1}{\sqrt{\frac{C_2R_2}{C_1R_1}}+\sqrt{\frac{C_2R_1}{C_1R_2}}+(1-K)\sqrt{\frac{C_1R_1}{C_2R_2}}} \tag{14.28}$$

$$K=1+\frac{R_3}{R_4} \tag{14.29}$$

図（a）の回路で $R=R_1=R_2$，$C=C_1=C_2$ とすると，遮断周波数 f_c は

$$\omega_c=\frac{1}{CR} \qquad f_c=\frac{1}{2\pi CR} \tag{14.30}$$

$$K=3-\frac{1}{Q}=1+\frac{R_3}{R_4} \tag{14.31}$$

図（b）の回路は，$K=1$ の例である。

14.2 実　験　方　法

実験［1］　定K形 *LC* フィルタの周波数特性の測定

図14.3～14.6に示す定K形フィルタの設計値を使って，低域通過フィルタ，高域通過フィルタ，帯域通過フィルタおよび帯域阻止フィルタをブレッドボード上に実現し，正弦波信号を入力し，入出力信号の電圧 V_1，V_2 を2現象オシロスコープまたはディジタルマルチメータ（交流電圧計）で測定して，その比（V_2/V_1）の周波数特性（振幅減衰特性）を測定する。

実験［2］　*LC* フィルタの位相特性の測定

任意の一つのフィルタについて，V_1 と V_2 の位相差を2現象オシロスコープで測定し，フィルタの位相特性を求め，理論値と比較する。

実験［3］　*RC* アクティブフィルタの周波数特性の測定

図14.7の *RC* アクティブフィルタをブレッドボード上に構成し，$Q=1$ の場合の周波数特性（振幅減衰特性と位相特性）を測定する。回路素子の値を変え，$Q=0.5$ および $Q=5$ に設定した場合の回路を構成し，同様の実験を行う。ただし，遮断周波数を $f_c=1$〔kHz〕として設計する。

14.3 実験装置・使用器具

（1） 直流安定化電圧源

（2） 2 現象オシロスコープ

（3） ファンクションジェネレータ

（4） ディジタルマルチメータ（交流電圧計）

（5） ブレッドボード，リード線

（6） 演算増幅器

（7） 抵抗（R），コイル（L），コンデンサ（C）

14.4 報　告　事　項

（1） 目的，原理および実験方法（日時，室温，使用器具名，配線図等）を明記する。

（2） 実験結果を図表にして報告書に挿入する。

（3） LC フィルタの入力に対する出力の減衰量をデシベル単位で求め，周波数対減衰特性を片対数グラフに表すとともに，周波数対位相特性を求め，片対数グラフに図示し，その特徴を考察する。グラフから遮断周波数と位相推移を求める。

（4） 各フィルタについて理論式から求めた減衰特性と実験結果とを比較し，遮断周波数，中心周波数，帯域幅などについて検討する。理論と実験結果が異なる場合にはその理由を考える。

（5） RC アクティブフィルタについても周波数に対する振幅減衰特性と位相特性を片対数グラフに表し，遮断周波数を求める。その特徴を考察するとともに理論値と比較する。Q の違いによって特性がどう変化するか，同一グラフ上に表し，その特徴を考察する。

14.5 考　察　事　項

（1） 実験結果の検討を行い，フィルタの応用について考察する。

（2） 各フィルタ特性の実験結果を理論と比較し，その特徴と違いについて考察する。

（3） 定K形 LC フィルタについて，設計値の L，C を求める式を誘導する。

（4） 各 LC フィルタの伝達関数の式を求める。また，減衰定数，位相定数がどのように表されるか考察する。

（5） 影像インピーダンス Z_{i1} の周波数特性はどうなるかを考える。

（6） 通過帯域でも減衰を生ずるのはなぜか理由を考える。

（7） 医用機器における帯域阻止フィルタの必要性について考える。

（8） RC アクティブフィルタの低域通過特性について検討し，LC フィルタとの違いを考察する。

（9） RC アクティブフィルタについて，高域通過フィルタ，帯域通過フィルタ，帯域阻止フィルタの設計を試み，その伝達関数を考察する。

（10） この他にどのようなフィルタがあるかを考える。

14.6 注　意　事　項

（1） 時間の関係または実験器具準備の都合ですべての実験ができないので，適宜フィルタの種類を選択して実験を行う。

（2） 実験［1］の遮断周波数 f_c および中心周波数 f_0 は，1kHz を目安に設計するとよい。なお，遮断周波数近傍では，測定点を細かくとる。

（3） 遮断周波数近傍だけでなく，適宜測定周波数範囲を広げ，図14.1に示すようなフィルタ特性を測定するように心がける。

15 発振回路の発振特性の測定

放送用の電波や生体信号のテレメタリングなど各種信号やデータを無線あるいは有線伝送するための搬送波を発生させるためには発振回路が必要である。また，超音波診断装置の音響振動波や生体への通電電流なども一定の周波数を持った正弦波の発振回路が必要である。このような一定周期の繰り返し信号を発生する回路を発振回路といい，原理的には増幅回路に帰還回路を介して正帰還をかける構成になっている。

本実験では発振回路の仕組みと動作原理を理解するとともに，発振の条件や発振周波数の安定度など発振回路の特性を学習する。

15.1 原　　理

15.1.1 帰還型発振回路の発振条件

発振回路には，その構成によって，RC 回路，LC 発振回路，水晶発振回路などの帰還型発振回路と負性抵抗特性を利用する負性抵抗型発振回路がある。**図 15.1** は帰還型発振回路の基本構成と動作原理を示したものである。帰還回

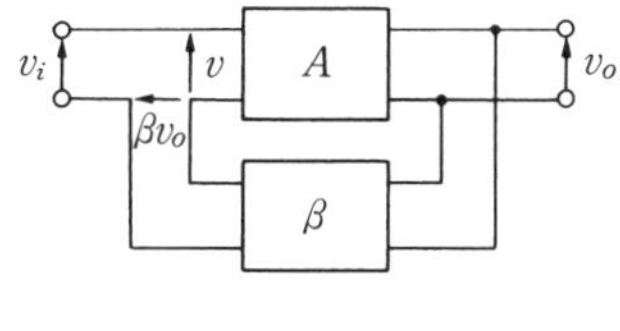

図 15.1　帰還型発振回路

路 β を介して，利得 A の増幅回路の出力を入力側に正帰還をかけると，入出力電圧 v_i，v_o の関係は

$$v_o=\frac{A}{1-A\beta}v_i \tag{15.1}$$

と表される。正帰還であるので $A\beta>0$ であるが，$1-A\beta=0$，すなわち $A\beta=1$ であれば，外部から入力信号を与えなくても出力 v_o が持続して得られ，発振が持続する可能性がある。発振が成長していく過程では $A\beta>1$ の条件が必要であるが，利得 A は飽和する傾向にあり，振幅が増大するに従って A は低下し，やがて $A\beta=1$ となったところで振幅が定まり，安定な発振が持続する。発振回路はインダクタンス L や容量 C のリアクタンス素子で構成されるので，$A\beta$ は複素数$(A\beta=a+jb, j=\sqrt{-1})$であり，つぎの条件（発振条件）が満たされるとき発振の成長が得られる。

$$\left.\begin{array}{ll}\text{電力条件　：実部} & a=\mathrm{Re}(A\beta)\geqq 1\\ \text{周波数条件：虚部} & b=\mathrm{Im}(A\beta)=0\end{array}\right\} \tag{15.2}$$

15.1.2　*LC* 発振回路

LC 発振回路は帰還回路を L と C で構成した発振回路であり，高周波用に使われる。三点接続発振回路の基本形と等価回路を**図 15.2** に，ハートレー形 *LC* 発振回路とコルピッツ形 *LC* 発振回路を**図 15.3** に示す。トランジスタのベース抵抗，エミッタ抵抗，コレクタ抵抗，電流増幅率，電流伝送率をそれぞれ r_b，r_e，r_c，β，α とすると

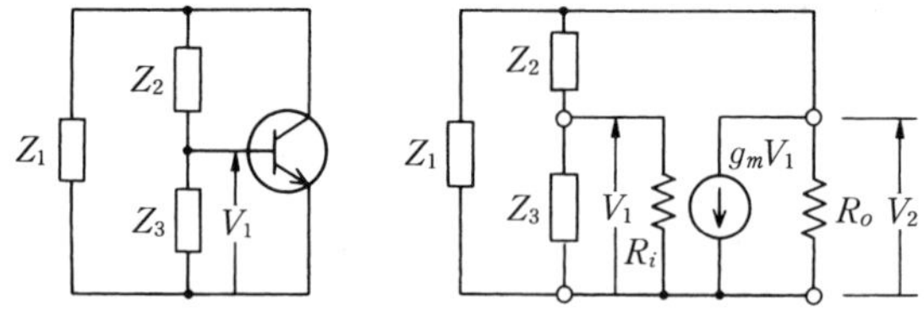

（a）三点接続発振回路の基本形　　（b）発振回路の等価回路

図 15.2　三点接続発振回路と等価回路

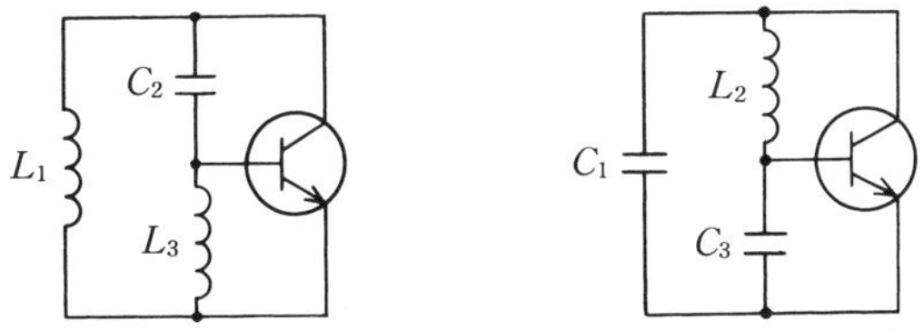

（a） ハートレー形　　　（b） コルピッツ形

図 15.3 ハートレー形およびコルピッツ形 LC 発振回路

$$g_m=\frac{\beta}{r_b+r_e(1+\beta)},\quad R_i=r_b+r_e(1+\beta),\quad R_o=r_c(1-\alpha) \tag{15.3}$$

である。

$$\frac{1}{Z_i}=\frac{1}{R_i}+\frac{1}{Z_3},\quad \frac{1}{Z_o}=\frac{1}{R_o}+\frac{1}{Z_1} \tag{15.4}$$

とおき，V_1 を求めると

$$V_1=-g_m V_1\frac{Z_iZ_o}{Z_i+Z_2+Z_o} \tag{15.5}$$

となり，これより

$$g_m+\frac{Z_iZ_o}{Z_i+Z_2+Z_o}=0 \tag{15.6}$$

なる発振条件を与える関係式が得られる。$(1+\beta)/r_c \fallingdotseq 0$ と近似できるとして，式(15.3)を式(15.6)に代入して，その実部と虚部から

$$\text{電力条件}：\beta+\frac{Z_1+Z_2}{Z_1}=0 \tag{15.7}$$

$$\text{周波数条件}：Z_1+Z_2+Z_3=0 \tag{15.8}$$

が得られる。二つの条件式から $\beta=Z_3/Z_1>0$ となる。以上より，ハートレー形の発振条件は

$$\beta=\frac{L_3}{L_1},\quad f=\frac{1}{2\pi\sqrt{C_2(L_1+L_3)}} \tag{15.9}$$

となる。

一方，コルピッツ形 LC 発振回路の発振条件は，同様に

$$\beta=\frac{C_1}{C_3},\quad f=\frac{1}{2\pi\sqrt{\dfrac{C_1+C_3}{L_2C_1C_3}}} \tag{15.10}$$

となる。

15.1.3　水晶発振回路

水晶（SiO_2）は圧電効果によって安定な機械的振動を生じ，その振動に応じた電荷の発生と電界の変動が生じる。水晶振動子の固有振動数と電界の周波数が一致すると，共振現象によって大きな振動電流が流れ，安定度の高い発振が持続する。**図 15.4** は水晶振動子の等価回路とコルピッツ形水晶発振回路の一例である。

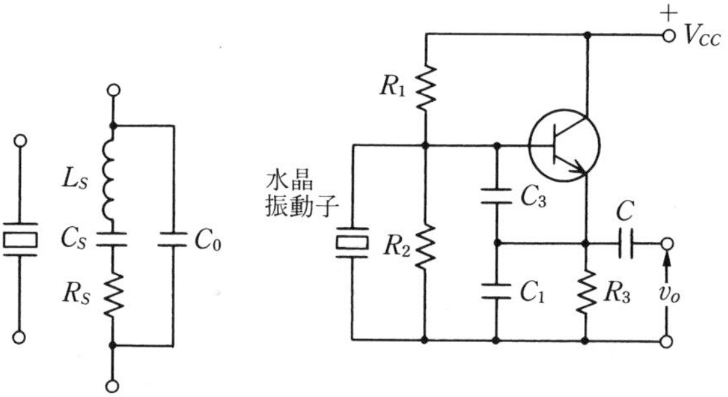

（a）水晶振動子と等価回路　（b）コルピッツ形水晶発振回路（C_1＝300 pF，C_3＝560 pF）

図 15.4　水晶振動子とコルピッツ形水晶発振回路

水晶振動子のインピーダンスは抵抗分 R_s はきわめて小さく無視できるので

$$Z_s=jX=\frac{1-\omega^2L_sC_s}{j\omega(C_o+C_s-\omega^2L_sC_oC_s)} \tag{15.11}$$

と表される。また，発振回路の一巡インピーダンス Z は，共振状態にあるので

$$Z=\frac{1}{j\omega C_1}+\frac{1}{j\omega C_3}+\frac{1-\omega^2L_sC_s}{j\omega(C_o+C_s-\omega^2L_sC_oC_s)}=0 \tag{15.12}$$

これより，回路の発振周波数は

$$f=\frac{1}{2\pi\sqrt{L_sC_s}}\cdot\sqrt{1+\frac{C_s}{C+C_0}} \tag{15.13}$$

が得られる。ここで，$C=C_1C_3/(C_1+C_3)$である。

水晶発振回路は構成が簡単で周波数安定度がよく，送信機の発振回路，ディジタル測定装置の基準発振器や標準時計などに使われている。

15.2　実　験　方　法

実験［1］　ハートレー形 *LC* 発振回路の動作特性の測定

図15.3(a)の発振回路をブレッドボード上に構成し，出力信号をオシロスコープで観測記録する。電源電圧を変化させて発振波形を観測し，ひずみが生じないで安定に発振する電源電圧を確認する。観測した発振波形あるいは周波数カウンタを用いて発振周波数を測定する。

実験［2］　コルピッツ形 *LC* 発振回路の動作特性の測定

図15.3(b)の発振回路をブレッドボード上に構成し，出力信号をオシロスコープで観測記録する。実験［1］と同様に電源電圧と発振波形の関係を求めるとともに発振周波数を測定する。

実験［3］　水晶発振回路の動作特性の測定

図15.4の発振回路をブレッドボード上に構成し，出力信号をオシロスコープで観測記録する。実験［1］と同様に電源電圧と発振波形の関係を求めるとともに発振周波数を測定する。

15.3　実験装置・使用器具

（1）　オシロスコープ
（2）　安定化直流電圧源
（3）　ディジタルマルチメータ
（4）　周波数カウンタ
（5）　ブレッドボード，リード線

（6） トランジスタ

（7） 抵抗，インダクタンス，コンデンサ

（8） 水晶振動子

15.4 報告事項

（1） 目的，原理および実験方法（日時，室温，使用器具名，配線図等）を明記する。

（2） 実験結果を図表にして報告書に挿入する。

（3） 実験［1］について，発振波形を半透明紙に写し取り，電源電圧変化に対する発振波形のひずみの大きさおよび発振周波数の関係を表にまとめる。式(15.9)の理論値を求め，実験値と比較する。

（4） 実験［2］についても同様に，発振波形を半透明紙に写し取り，発振波形のひずみの大きさおよび発振周波数について報告する。式(15.10)の理論値を求め，実験値と比較する。

（5） 実験［3］についても同様に，発振波形を半透明紙に写し取り，発振波形のひずみの大きさおよび発振周波数について報告する。式(15.13)の理論値を求め，実験値と比較する。

15.5 考察事項

（1） 実験結果に関する検討を行う。

（2） 使用した発振回路の実験結果，特に発振周波数を理論値と比較し，その違いについて考察する。

（3） 発振回路の動作原理を検討し，式(15.1)～(15.13)を導き，発振条件について考察する。

（4） LC 発振回路は水晶発振回路に比べて発振周波数が変動しやすく，安定度が低い。その理由を考察する。

（5） 圧電効果と水晶振動子の基本事項について考察する。

（6） RC 移相発振回路とはどういうものか，その回路構成，動作原理およ

び特長について考察する。

（7） その他の発振回路を調べ，発振回路の用途について考察する。

15.6 注　意　事　項

電源を入れる前に，トランジスタの形に対するバイアス電圧の極性に注意する。

16 非線形素子を用いた波形成形回路の動作特性の測定

ダイオードやトランジスタなどの非線形素子を用いて正弦波や方形波の振幅あるいは時間軸上での波形変形を行うクリッパ，スライサ，リミッタ，クランパ，シュミット回路などの回路を構成し，実験を通してその機能と特性を理解する。また，回路定数の変更が成形波形に及ぼす効果について定量的に検討し，あわせてパルス技術に習熟することを目的とする。

16.1 原　　　理

16.1.1 クリッパ（クリッピング回路）

入力波形に対してある基準レベル以上，あるいは以下の部分のみを取り出す操作をクリップまたはクリッピングといい，この操作を行う回路をクリッパまたはクリッピング回路という。クリッパには，**図 16.1** に示すようにダイオードと抵抗を組み合わせた回路が多く使われるほか，トランジスタの非線形特性を利用した回路がある。図(a)，(b）をピーククリッパ，図(c)，(d）をベースクリッパという。またダイオードが信号ラインに並列に入っている（a)，(c）を並列クリッパ，直列に入っている（b)，(d）を直列クリッパという。

直列クリッパの欠点は，ダイオードがオフ状態で信号が伝送されないときでも，ダイオードの容量を通して信号の高周波成分が出力に伝送されることである。一方，並列クリッパの欠点は，ダイオードが逆バイアス状態になって入力

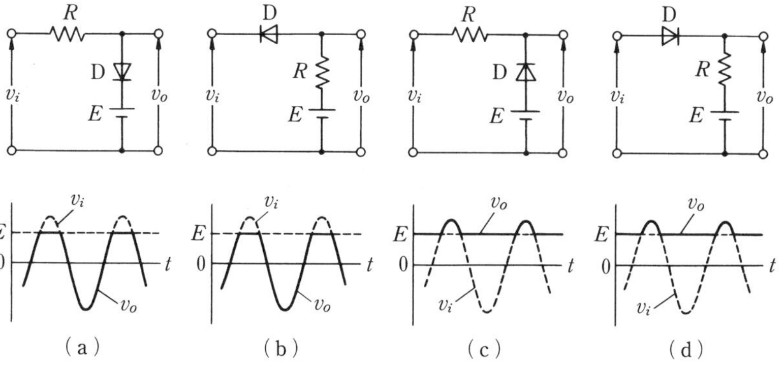

図 16.1　ダイオードクリッパの種類

信号を出力側に伝送しようとするとき，ダイオードの容量およびその他の浮遊容量が出力側に並列に入り，入力信号の高周波成分を減衰させ，波形の鋭い端

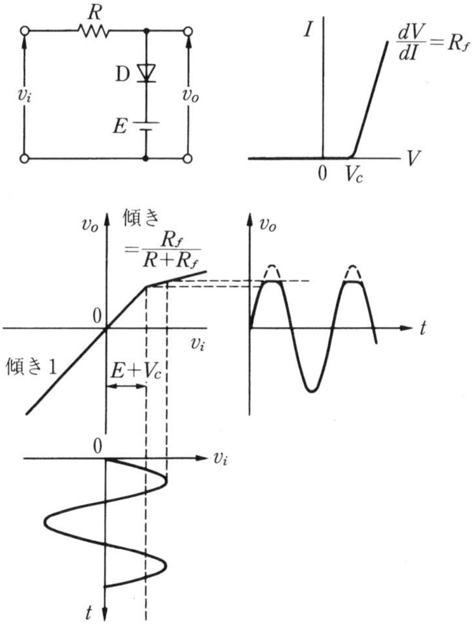

図 16.2　ダイオードの特性と並列ピーククリッパの動作原理

をなまらせることである。また，並列クリッパでは E を供給する電源のインピーダンスをできるだけ小さくしなければならないことである。

図 16.2 は並列クリッパの動作原理を示したもので，ダイオードの順方向特性により基準電圧 E より低い部分のみが出力として取り出される。図中，それぞれ理想化したダイオードの電圧・電流特性と回路の入出力特性の関係を示しているが，V_c はダイオードのオフセット（カットイン）電圧，R_f はダイオードの順方向抵抗（$=dV/dI$）である。図から入力信号波形とクリップされた出力波形の関係がよくわかるであろう。

一方，**図 16.3** はダイオードを逆に接続した回路であり，逆方向特性により E より高い部分のみが出力される。

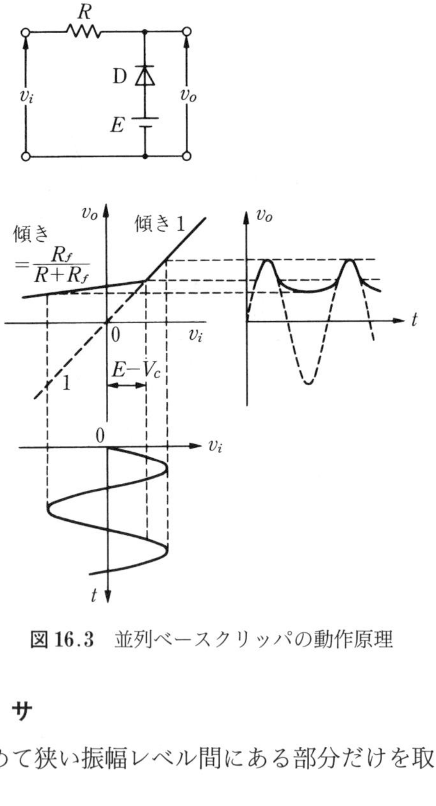

図 16.3　並列ベースクリッパの動作原理

16.1.2　スライサ

入力波形のきわめて狭い振幅レベル間にある部分だけを取り出す回路をスラ

イサという。**図 16.4** はダイオードスライサであるが，独立な二つのレベルを持つダイオードクリッパを用いており，両端クリッパとも呼ばれる。0V を基準に正負の狭い範囲の振幅間をスライスした波形が出力される。

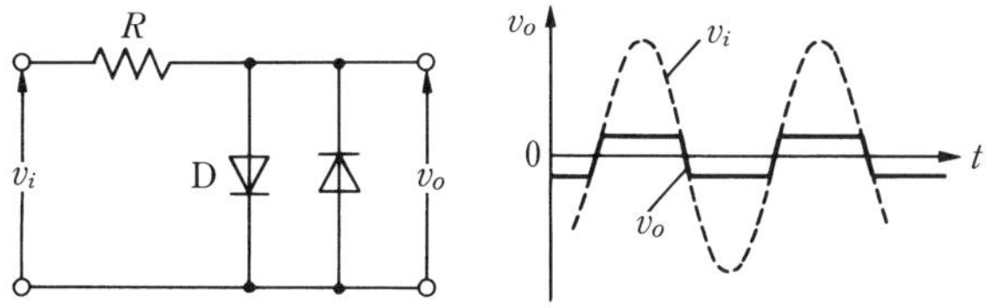

図 16.4　ダイオードスライサ（I）

一方，**図 16.5** の回路では，スライスレベルが直流バイアス E_1，E_2 によって決まり，この間の狭い範囲がスライスされる。入力信号 v_i と出力信号 v_o および二つのダイオードの状態を示すと**表 16.1** のようになる。ただし，$E_2 > E_1$ とする。この回路は正弦波を矩形波に変換するときに使用される。対称矩形波にしたいときは，E_1 と E_2 の大きさを等しく，符号を反対にすればよい。また入力正弦波の振幅を基準電圧の差に比較して十分大きく取れば出力は矩形となる。

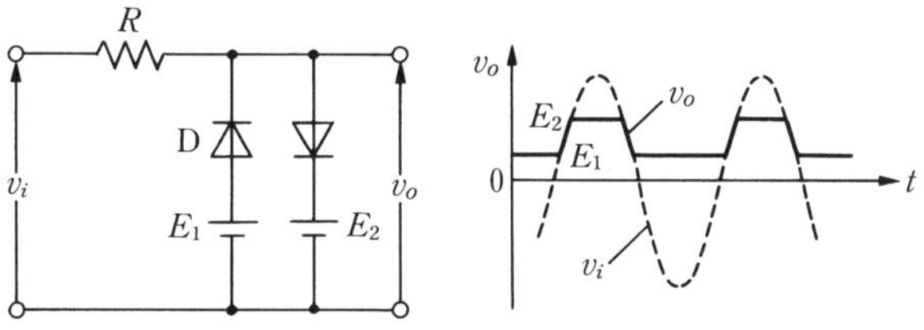

図 16.5　ダイオードスライサ（II）

表 16.1　スライサの入出力関係とダイオードの動作状態

入力（v_i）	出力（v_o）	ダイオードの状態
$v_i \leqq E_1$	E_1	D_1： on，D_2： off
$E_1 < v_i < E_2$	v_i	D_1： off，D_2： off
$v_i \geqq E_2$	E_2	D_1： off，D_2： on

16.1.3　リミッタ

図 16.6 は，二つのツェナー（定電圧）ダイオードを反対方向に直列に接続した回路で対称型両端クリッパを構成しているが，ツェナーダイオードの定電圧特性を利用して振幅の一部を制限する作用がある。このような入力信号の一定レベル以上の部分を取り除く回路をリミッタという。この回路ではリミット電圧 V_z のレベル調整ができないという欠点があるが，直流バイアスを必要としない長所がある。

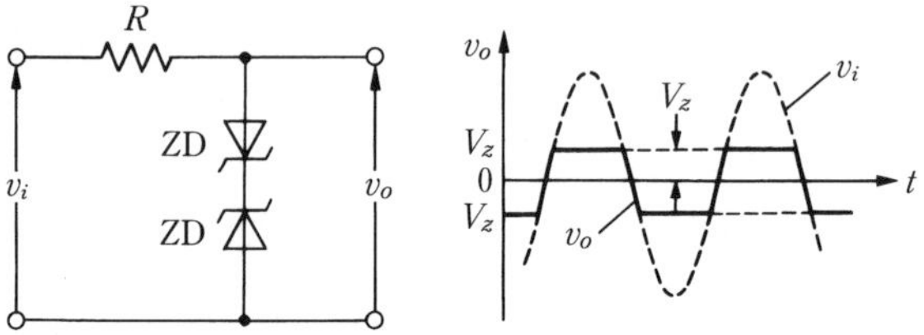

図 16.6　ツェナーダイオードを用いたダイオードリミッタ

一方，**図 16.7** の回路は一般的なダイオードリミッタであり，入力信号 v_i の正の電圧がバイアス電圧 E_1 を超えるとダイオード D_1 が導通し，出力電圧 v_o は E_1 に保たれる。また，v_i が負のときにバイアス電圧 $-E_2$ より低くなると D_2 が導通し，v_o は $-E_2$ に保たれる。その結果，E_1 以上と $-E_2$ 以下の部分が取り除かれ，E_1 と $-E_2$ 間の波形のみが出力される。

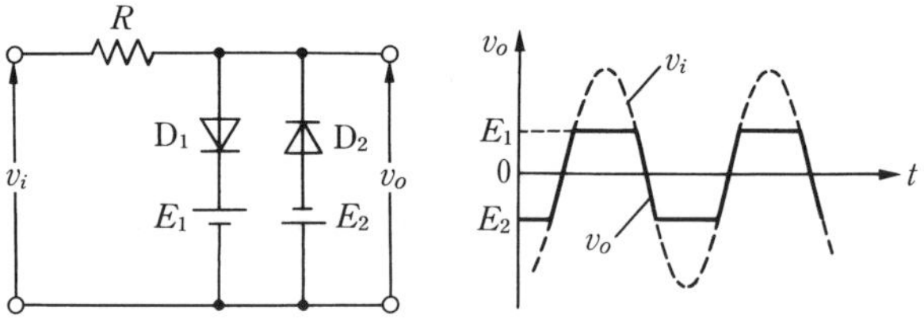

図 16.7　ダイオードリミッタ

16.1.4　クランパ（クランプ回路）

ある周期波形の正または負の最大値を，ある一定の基準レベルで固定する必要がしばしばある。入力波形に直流分を加えて基準レベルを振幅軸上のあるレベルにずらし，固定する操作をクランプ（振幅推移）といい，その回路をクランパまたはクランプ回路という。**図 16.8** はコンデンサ C とダイオード D とを組み合わせたクランパであり，正弦波を入力に加えたときの動作原理を説明する。

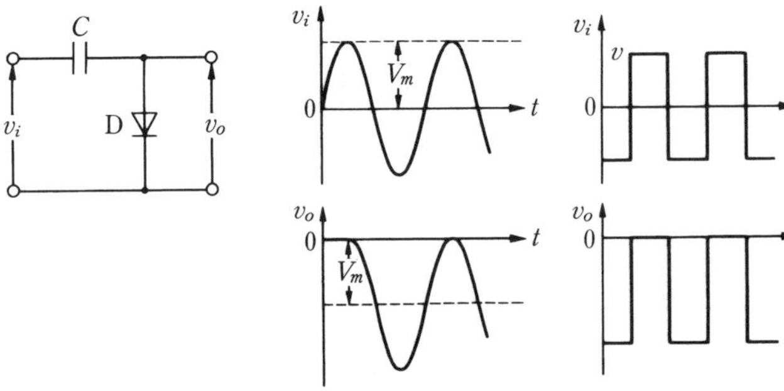

図 16.8　ダイオードクランパ（I）

コンデンサ C には $t=0$ で電荷がないものとするとき，最初の 1/4 サイクルでは入力信号 v_i が 0 から最大値 V_m に増大するので，ダイオード D が理想的であると D の順方向抵抗 $R_f=0$ で，したがって $v_o=0$ となる。この間，C の端子電圧 v_c は v_i に等しく正弦波状に上昇し，この 1/4 サイクルの終りには $v_c=V_m$ となる。この 1/4 サイクルのあと v_i が減少しはじめると，v_c の電圧は $v_c=V_m$ のままで，v_i に追随できない。したがって，最初の 1/4 サイクル後は $v_o=v_i-V_m$ となり，最大値は 0 にクランプされる。

同様に方形波を加えたときの定常状態の出力波形を図に示すが，正の半周期で D が導通して C には入力波形の振幅に等しい電圧 v だけ充電される。この間，出力電圧 v_o は 0 になる。入力波形が反転した負の半周期では D は非導通になり，入力電圧と C の充電電圧を加えた電圧 $-2v$ が出力される。出力電圧が 0 V を基準にクランプされる。**図 16.9** の回路では D の向きが逆になっていて，正方向にクランプされる。

この基本的な動作特性に対して，入力信号の最大値を別の基準レベルでクラ

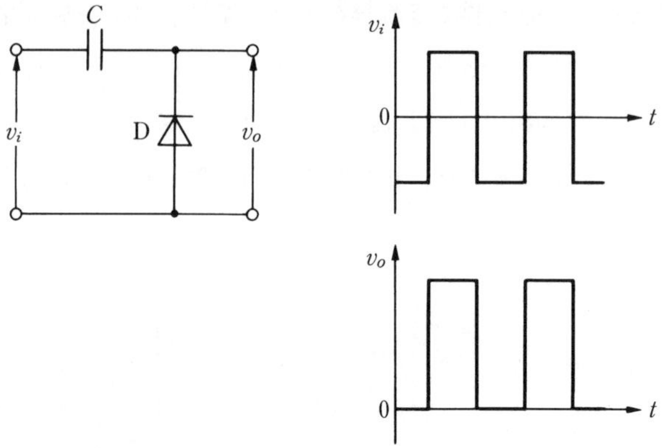

図 16.9　ダイオードクランパ（II）

ンプするためには，C 中の電荷を放電する必要があるが，ダイオード D のため不可能である。そのためには**図 16.10** に示すように，抵抗 R を D に並列に，あるいは C に並列に挿入して放電路を作ってやる必要がある。ここで，時定数 CR は信号の 1 周期に比べて十分大きな値を取る必要がある。その理由は，コンデンサ C 上の電荷が R と信号源の抵抗 R_s を通して放電を続けるので，D が非導通状態の間に C から失われた電荷を信号の正のピーク時間に D を通して充電しなければならないからである。また，時定数 CR があまり大きくないと半サイクル中の充電時間も長くなり，したがって波形ひずみのもととなる。

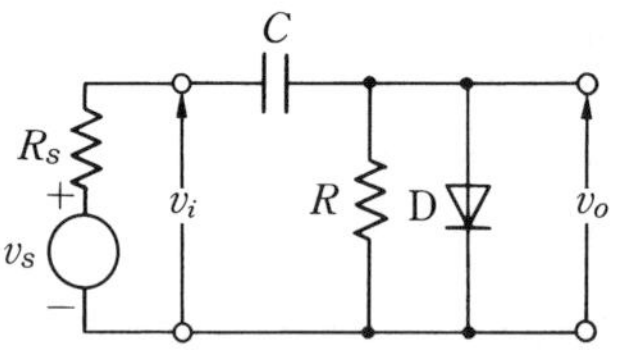

図 16.10　ダイオードクランパ（III）

図の信号源 v_s の抵抗 R_s とダイオード D の順方向抵抗 R_f とを考慮したクランプ回路において，D が導通状態の場合と D が非導通状態（逆方向抵抗を R_r とする）の場合の等価回路は**図 16.11**（a），（b）のように表される。ただし，

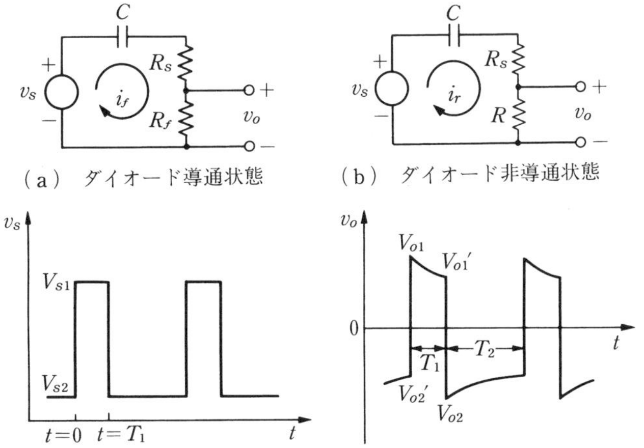

（a） ダイオード導通状態　（b） ダイオード非導通状態
（c） 方形波入力　（d） 出力波形

図 16.11 ダイオードクランパ（III）の等価回路と方形波入力に対する出力波形の関係

$R_r \geqq R \geqq R_f$ と仮定し，この回路に方形波を加えたときの定常状態の出力波形を求める。

$t=0$ 直前において，$v_s=V_{s2}$，$v_o=V_{o2}'$ の状態にあったとすると，ダイオードは逆バイアス状態にあるから図（b）の等価回路を適用し，コンデンサの電圧 v_c は

$$v_c = V_{s2} - \frac{R+R_s}{R} V_{o2}' \tag{16.1}$$

$t=0$ 直後で入力信号が V_{s1} にジャンプすると，出力も V_{o1} にジャンプしてダイオードは導通状態になり，図（a）の等価回路が適用される。したがって

$$v_c = v_s - \frac{R_f+R_s}{R_f} v_o \tag{16.2}$$

ここで，C の端子電圧は瞬間的に変化できないので $t=0$ 直後の v_c は，式(16.1)の値を保持する。$v_s=V_{s1}$，$v_o=V_{o1}$ および式(16.1)を代入すると

$$V_{s2} - \frac{R+R_s}{R} V_{o2}' = V_{s1} - \frac{R_f+R_s}{R_f} V_{o1} \tag{16.3}$$

入力信号の最大振幅は $V=V_{s1}-V_{s2}$ であるから，式(16.3)は

$$V = \frac{R_f + R_s}{R_f} V_{o1} - \frac{R + R_s}{R} V_{o2}' \tag{16.4}$$

と表される。時刻 $t = T_1$ の直前，直後について同様に考えると次式が得られる。

$$V = \frac{R_f + R_s}{R_f} V_{o1}' - \frac{R + R_s}{R} V_{o2} \tag{16.5}$$

T_1 の期間中，D は導通状態にあり，出力電圧は時定数（$R_f + R_s$）C で減少して

$$V_{o1}' = V_{o1} e^{-T_1/(R_f + R_s)C} \tag{16.6}$$

となる。同様に，T_2 期間中，D は逆バイアス状態にあり，出力電圧は時定数（$R + R_s$）C で変化し

$$V_{o2}' = V_{o2} e^{-T_2/(R_f + R_s)C} \tag{16.7}$$

となる。以上のように，信号源抵抗 R_s が存在するときは，出力電圧の波高は入力電圧の波高 V より小さくなる。

16.1.5　シュミット回路

シュミット回路は，回路への入力電圧が一定レベル以下であれば一つの安定状態にあり，一定電圧 V_1 を出力する。入力電圧が一定レベル以上になると跳躍的に他の安定状態に移り，別の一定電圧 V_2 を出力する。再び入力電圧が一定レベル以下になると跳躍してもとの安定状態に戻る。したがって，この回路は任意の波形から方形パルスを作る波形成形回路として用いられたり，入力波形と設定レベルとの大小を比較する振幅弁別回路として用いられる。**図 16.12** はトランジスタで構成したシュミット回路であり，入力電圧 v_i が 0 のときには Tr_1 がオフ，Tr_2 がオンの安定状態にある。抵抗 R_E には Tr_2 のコレクタ電流 i_{c2} のみが流れ，Tr_2 のエミッタ電位 v_{e2} は $R_e i_{c2}$ となる。入力電圧 v_i が v_{e2} より大きくなると

Tr_1 が導通→ Tr_1 のコレクタ電流 i_{c1} の増加→コレクタ電圧 v_{c1} の降下→ Tr_2 のベース電圧 v_{b2} の降下→コレクタ電流 i_{c2} の減少→エミッタ電圧 v_{e2}

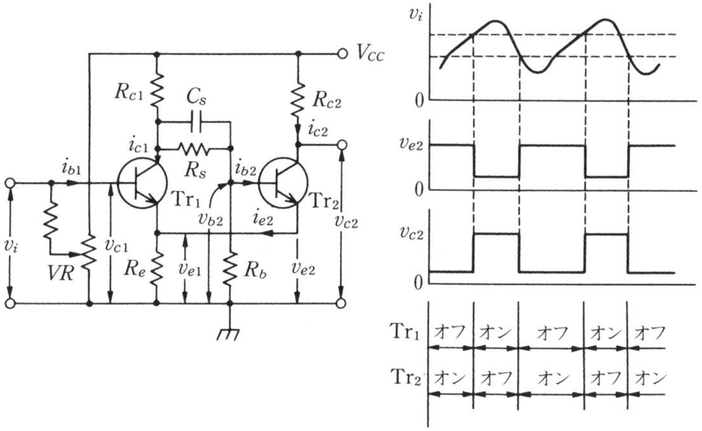

図 16.12　シュミット回路と動作特性

の降下→ Tr_1 のコレクタ電流 i_{c1} の増加

という正帰還が働く。その結果，Tr_1 がオンに，Tr_2 がオフ状態になり，v_i が v_{e2} よりも小さくなるまでこの状態が保たれる。

入力電圧 v_i が v_{e2} より小さくなると

i_{c1} の減少→ v_{c1} の上昇→ v_{b2} の上昇→ i_{c2} の増加→ v_{e2} の上昇→ i_{c1} の減少

という正帰還が働き，Tr_1 がオフに，Tr_2 がオン状態になる。このように入力電圧の増減に伴い回路が二つの安定状態の間で変化し，出力には矩形波が得られる。しかし，Tr_2 のコレクタ電流 i_{c2} の増減に伴いエミッタ電圧 v_{e2} が変化するので，状態変化のレベルが入力電圧の上昇と降下する方向で異なった値となり，いわゆるヒステリシス特性が生じる。シュミット回路ではこのヒステリシスが小さいことが望ましい。

16.2 実　験　方　法

実験［1］　クリッパの波形成形と回路特性の測定

図 16.1 に示した 4 種類のダイオードクリッパについて，基準電圧 E の大きさおよび極性を変えて，正弦波入力 v_i に対する出力電圧 v_o の波形を観測し記録する。ベースクリッパとピーククリッパの動作特性を理解する。

実験［2］　スライサの波形成形と回路特性の測定

図16.4のダイオードスライサを構成し，正弦波入力 v_i に対する出力電圧 v_o の波形を観測し記録する。また，図16.5のスライサについて，二つの基準電圧 E_1，E_2 およびダイオードの極性をいろいろ変えて，正弦波入力 v_i に対する出力電圧 v_o の波形を観測し記録する。それぞれの回路の動作特性を理解する。

実験［3］　リミッタの波形成形と回路特性の測定

図16.6のツェナーダイオードを用いたリミッタを構成し，正弦波入力 v_i に対する出力電圧 v_o の波形を観測し記録する。ツェナーダイオードの定電圧特性によってリミッタ特性がどう変わるかを検討する。また，図16.7の回路について同様な実験を行い，バイアス電圧 E_1，E_2 によって出力波形がどのように変わるかを観測記録する。

実験［4］　クランパの波形成形と回路特性の測定

図16.8および図16.9のダイオードクランパを構成し，正弦波入力 v_i に対する出力電圧 v_o の波形を観測し記録する。方形波入力に対しても同様な実験を行い，クランプ回路の基本特性を理解する。つぎに図16.10の回路を構成し，方形波入力 v_i に対する出力電圧 v_o の波形を観測し記録する。方形波の周期 $T=T_1+T_2$ に関して T_1 と T_2 の比（duty ratio）が変わったときの出力波形のクランプ状態に及ぼす影響を検討する。

実験［5］　シュミット回路の波形成形と回路特性の測定

図16.12のシュミット回路を用いて，正弦波入力 v_i に対する出力電圧 v_o の波形を観測し記録する。その際，回路のヒステリシス特性を記録し，検討する。

16.3　実験装置・使用器具

（1）　直流安定化電源

（2）　2現象オシロスコープ

（3）　ファンクションジェネレータ

（4）　ディジタルマルチメータまたはテスタ

（5） ブレッドボード，リード線

（6） 抵抗およびコンデンサ

（7） ダイオードおよびツェナーダイオード

16.4 報 告 事 項

（1） 目的，原理および実験方法（日時，室温，使用器具名，配線図等）を明記する。

（2） 実験結果を図表にして報告書に挿入する。

（3） 実験［1］について，入出力波形を半透明紙に写し取り，基準電圧 E の大きさと極性を変えたときのクリッピング特性を求め，理論値と比較する。

（4） 実験［2］について，入出力波形を半透明紙に写し取り，回路の R およびダイオードの特性によって，スライス電圧がどう変わるかを比較する。また，図 16.5 のスライサの入出力波形を半透明紙に写し取り，二つの基準電圧 E_1，E_2 およびダイオードの極性を変えたときのスライス特性を求め，理論値と比較する。

（5） 実験［3］のツェナーダイオードを用いたリミッタ特性について，入出力波形を半透明紙に写し取り，ツェナーダイオードの定電圧特性とリミッタ特性の関係を調べる。また，図 16.7 のリミッタについても同様に入出力波形を図示し，バイアス電圧 E_1，E_2 を変えたときのリミッタ特性を求め，理論値と比較する。

（6） 実験［4］について入出力波形を半透明紙に写し取り，それぞれのクランパの動作特性およびダイオードの極性を変えたときの違いを求め，理論値と比較する。また，図 16.10 の回路に対して，方形波の周期 $T = T_1 + T_2$ および T_1 と T_2 の比（duty ratio）が変わったときのクランプ特性の違いを比較する。

（7） 実験［5］について，入出力波形を半透明紙に写し取り，シュミット回路の設定レベルと振幅弁別特性を求め，実験値と理論値の違いを比較する。

また，ヒステリシス特性がどの程度あるかを調べ報告する。

16.5 考 察 事 項

（1） すべての実験結果に関する考察を行う。

（2） クリッパの動作原理，およびベースクリッパとピーククリッパの動作特性の違いを考察するとともに実験値と理論値の違いを比較検討する。

（3） スライサの動作原理，および図 16.4 と図 16.5 のスライサの動作特性の違いを考察するとともに実験値と理論値の違いを比較検討する。

（4） リミッタの動作原理，およびツェナーダイオードを用いたときと一般のダイオードを用いたときの違いを考察する。また，実験値と理論値の違いを比較検討する。

（5） ツェナーダイオードの電流電圧特性と特徴を調べ，その応用について考察する。

（6） それぞれのクランパの動作特性およびダイオードの極性を変えたときの違いを考察するとともに実験値と理論値の違いを比較検討する。また，図 16.10 の回路に対して，方形波の周期 T および T_1 と T_2 の比が変わったときのクランプ特性の違いを比較検討する。出力波形のひずみについて考察するとともにひずみを少なくするにはどうすればよいかを検討する。

（7） シュミット回路の動作原理を考察するとともに実験値と理論値の違いを検討する。ヒステリシス特性がどの程度あるかを調べ，その原因を検討するとともにヒステリシスを少なくするにはどうすればよいかを考える。

16.6 注 意 事 項

（1） ダイオードには極性があるので，回路を構成するにあたってダイオードの接続を間違えないように注意する。

（2） 時間の関係または実験器具準備の都合ですべての実験ができないので，適宜テーマの選択を行う。

17 マルチバイブレータの動作特性の測定

マルチバイブレータはパルス発生回路あるいはディジタル回路の基本回路として広く使われており，コンピュータやオーディオ・ビデオ製品などで最も重要な働きをする矩形波（パルス波）の発生回路である。基本的には双安定，単安定，非安定マルチバイブレータの3種類がある。

本実験では，これらの回路を組立て，動作特性を測定し，その動作原理を理解するとともに応用性を考える。

17.1 原　　　理

マルチバイブレータは方形パルス波を発生する回路であり，パルス波形が多くの高調波を含むことからこの名称の由来がある。マルチバイブレータの基本的な構成は，2段の増幅回路を結合回路で正帰還したもので，その結合回路の構成により，非安定マルチバイブレータ，単安定マルチバイブレータ，双安定マルチバイブレータに分類される。

17.1.1 非安定マルチバイブレータ

図 17.1 は非安定マルチバイブレータの回路構成を示したもので，二つの結合回路はともに抵抗 R とコンデンサ C で構成される。トランジスタ Tr_1，Tr_2 は CR 結合されているので，両者ともオンあるいはオフという不安定な状

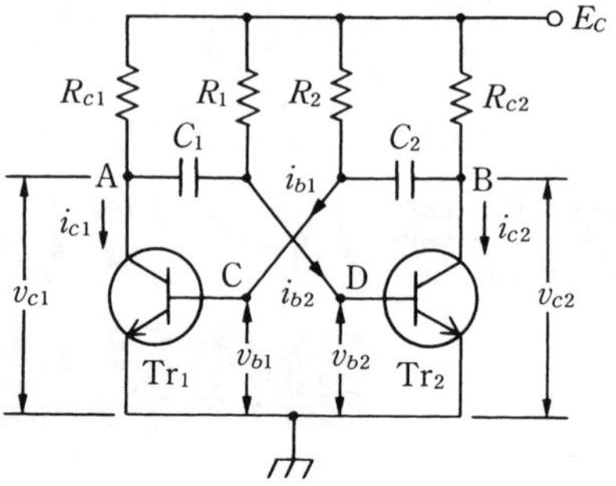

図 17.1　非安定マルチバイブレータ

態にはなく，一方がオンであれば他方はオフとなっている。

いま，Tr_1 がオフからオンに変化する場合を考える。このとき

→ Tr_1 にコレクタ電流 i_{c1} が流れる

→点 A のコレクタ電圧 v_{c1} が $R_{c1}i_{c1}$ だけ降下

→ C_1 を通してこの電圧変化分だけ点 D の Tr_2 のベース電圧 v_{b2} が降下

→ Tr_2 のコレクタ電流 i_{c2} が減少して，点 B のコレクタ電圧 v_{c2} が上昇

→ v_{c2} の上昇により C_2 を通して点 C のベース電圧 v_{b1} が上昇

→ i_{c1} はさらに増加（正帰還作用）

→ Tr_1 がオフからオンに変化

→点 A の電圧はほぼ 0，点 B の電圧は E_c，点 D の電圧は $-E_c$ となる

その後，コンデンサ C_1 は時定数 C_1R_1 で逆の極性（点 $A-$，点 $D+$）に充電され，点 D の電圧は次第に上昇する。それに伴い Tr_2 のベース電流 i_{b2} が流れ，コレクタ電流 i_{c2} が流れる。その結果

→ Tr_2 のコレクタ電圧 v_{c2} が降下

→ Tr_1 のベース電圧 v_{b1} 降下

→コレクタ電流 i_{c1} 減少

→コレクタ電圧 v_{c1} 上昇

→ Tr_2 のベース電圧 v_{b2} 上昇

→コレクタ電流 i_{c2} 増加

→ Tr_2 オン，Tr_1 オフとなる

以上のように，この回路は安定状態がないパルス発生回路で，外部からトリガ（刺激）を加えなくても二つのトランジスタが交互にオン・オフするというサイクルを繰り返し，**図 17.2** に示すような電圧変化を出力する。

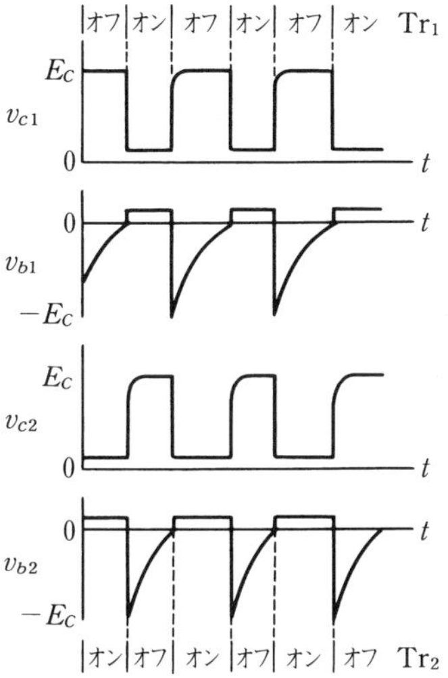

図 17.2　非安定マルチバイブレータの動作特性

Tr_1 がオンになっている時間 τ_1，Tr_2 がオンになっている時間 τ_2，および出力方形波の周期 $T=\tau_1+\tau_2$ は，それぞれ

$$\tau_1 = C_1R_1 \log_e 2 \fallingdotseq 0.7\, C_1R_1 \tag{17.1}$$

$$\tau_2 = C_2R_2 \log_e 2 \fallingdotseq 0.7\, C_2R_2 \tag{17.2}$$

$$T = \tau_1 + \tau_2 \fallingdotseq 0.7(C_1R_1 + C_2R_2) \tag{17.3}$$

で与えられる。

17.1.2　単安定マルチバイブレータ

単安定マルチバイブレータは結合回路の一方が CR 結合，他方が直流結合で構成されるものであり，安定な状態が一つあるパルス発生回路である。**図 17.3** の回路が安定な状態においては，Tr_2 のベースは抵抗 R_{b2} を介して正の電源 E_c に接続されているので Tr_2 はオンとなり，Tr_1 のベースは抵抗 R_{b1} を介して負の電源 $-E_B$ に接続されているのでオフとなる。この安定な状態は外部か

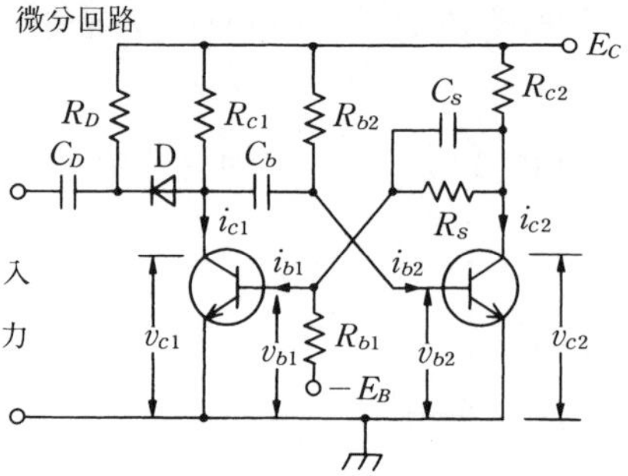

図 17.3　単安定マルチバイブレータ

らトリガ電圧が入力されない限り保持される。

外部から方形波が加えられると，コンデンサ C_D と抵抗 R_D の微分回路とダイオードの逆特性により負のトリガパルスが得られる。このパルスがコンデンサ C_b を介して Tr_2 のベース電圧 v_{b2} を降下させる。その結果

i_{c2} の減少→ v_{c2} の上昇→ v_{b1} の上昇→ i_{c1}の増加

→ v_{c1} の降下→ v_{b2} の降下（正帰還作用）→ Tr_2 オフ，Tr_1オン

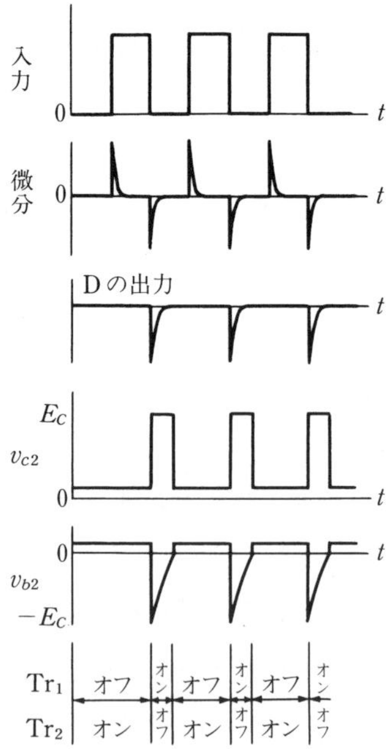

図 17.4　単安定マルチバイブレータの動作特性

となる。その後，コンデンサ C_b が R_{b2} を介して E_c で充電され，v_{b2} は時定数 C_bR_{b2} で徐々に上昇する。それに伴い，Tr_2 のベース電流 i_{b2}，およびコレクタ電流 i_{c2} が流れる。その結果

i_{c2} の増加→ v_{c2} の降下→ v_{b1} の降下→ i_{c1} の減少

→ v_{c1} の上昇→ v_{b2} の上昇→ i_{c2} の増加→ Tr_1 オフ，Tr_2 オン

の状態に戻る。トリガパルスが再び外部から加わると，上記のサイクルで回路の動作が変化する。C_s はパルスの立ち上がり特性を改善するスピードアップコンデンサである。**図 17.4** は各部の出力電圧を示したもので，パルス幅 τ は

$$\tau = C_bR_{b2}\log_e 2 \fallingdotseq 0.7\,C_bR_{b2} \qquad (17.4)$$

で与えられる。

17.1.3　双安定マルチバイブレータ

双安定マルチバイブレータは結合回路を直流結合回路で構成したものであり，安定な状態が二つあるパルス発生回路であり，外部からのトリガパルスが加わるたびに二つの安定状態を交互に繰り返すのでフリップフロップ回路とも呼ばれる。**図 17.5** に回路構成を示すが，安定状態では Tr_1 がオン，Tr_2 がオフ，あるいはその逆になっていて，外部からトリガパルスが入力されるまでその状態が保持される。

はじめに回路の Tr_1 がオフ，Tr_2 がオンの安定状態であるとき，トリガパル

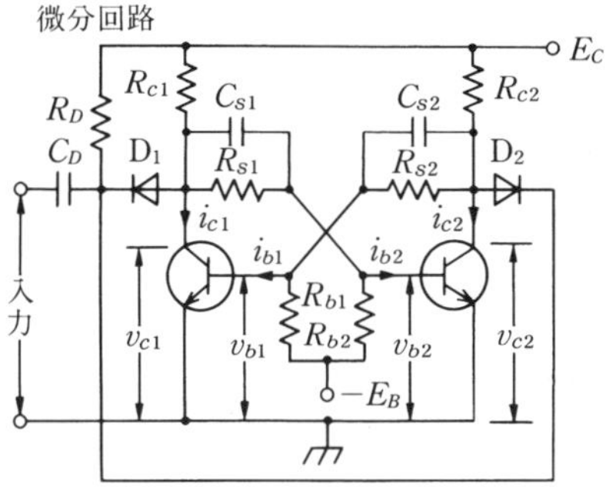

図 17.5　双安定マルチバイブレータ

スが加わったとする。この状態では Tr_1 のコレクタ電圧 v_{c1} はほぼ 0 であり，ダイオード D_1 には逆バイアス電圧が加わっているので，微分パルスは D_1 を通過しない。また，Tr_2 はオフであり，コレクタ電圧 v_{c2} はほぼ E_c に等しく，D_2 を介して負の微分パルスが加わり，R_{s2}，C_{s2} を介して Tr_1 のベースに伝えられ，v_{b1} が降下する。その結果

v_{b1} の降下→ i_{c1} の減少→ v_{c1} の上昇→ v_{b2} の上昇

→ i_{c2} の増加→ v_{c2} の降下→ v_{c2} の降下→ v_{b1} の降下

の正帰還作用で回路が動作する。この状態は，再び外部トリガが加わるまで保持されるが，新たな外部トリガが加わると上記と逆の正帰還作用が働き，もとの安定状態に戻る。**図 17.6** は回路内の電圧変化の様子を示したもので，得られるパルス周期やパルス幅はトリガパルスの加わるタイミングに依存する。

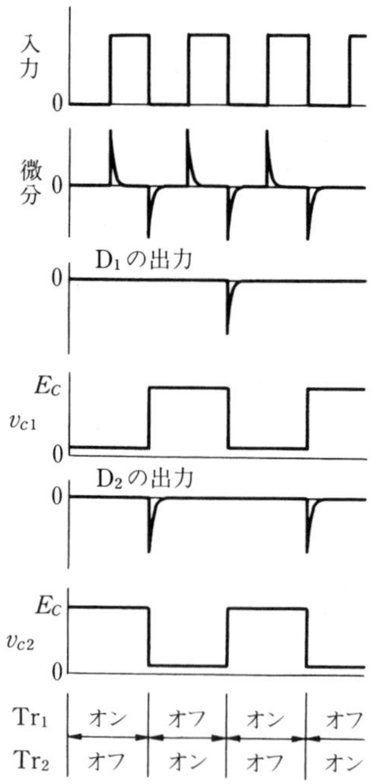

図 17.6　双安定マルチバイブレータの回路内の電圧変化

17.2 実 験 方 法

実験［1］ 非安定マルチバイブレータの動作特性の測定

図17.1の非安定マルチバイブレータを構成し，オシロスコープのプローブをTr_1のベース端子に接続し，他のプローブをコレクタ端子に接続し，電源スイッチを投入後に各部の電圧v_{b1}，v_{c1}の波形を観測記録する。Tr_2の各部の電圧v_{b2}，v_{c2}も同様に測定する。抵抗R_1，R_2およびコンデンサC_1，C_2の値によって出力方形波の周期Tおよびτ_1，τ_2がどう変わるかを測定する。

実験［2］ 単安定マルチバイブレータの動作特性の測定

図17.3の単安定マルチバイブレータを構成し，電源スイッチを投入後に各部の電圧を測定し，トランジスタTr_1とTr_2のオン，オフ状態を判別する。続いて，外部入力端子にトリガとして方形波を加え，入力波形とともにTr_2のベースおよびコレクタ電圧v_{b2}，v_{c2}の波形を観測記録する。Tr_1の各部の電圧v_{b1}，v_{c1}も同様に測定する。入力方形波の周期および抵抗R_{b2}とコンデンサC_bの値によって出力パルス幅がどう変わるかを測定する。

実験［3］ 双安定マルチバイブレータの動作特性の測定

図17.5の双安定マルチバイブレータを構成し，電源スイッチを投入後に各部の電圧を測定し，トランジスタTr_1とTr_2のオン，オフ状態を判別する。続いて，外部入力端子にトリガとして方形波あるいはパルス波を加え，入力波形とともにTr_1のベースおよびコレクタ電圧v_{b1}，v_{c1}の波形を観測記録する。Tr_2の各部の電圧v_{b2}，v_{c2}も同様に測定する。入力方形波あるいはパルス波形の周期およびパルス幅を変え，出力波形がどう変わるかを測定する。また，入力波形の周波数と出力波形の周波数を測定し，両者の関係を確かめる。

17.3 実験装置・使用器具

（1） 2現象オシロスコープ

（2） ファンクションジェネレータ

（3） 定電圧直流電源

（4） ブレッドボード，リード線

（5） トランジスタ

（6） 抵抗，コンデンサ

17.4 報告事項

（1） 目的，原理および実験方法（日時，室温，使用器具名，配線図等）を明記する。

（2） 実験結果を図表にして報告書に挿入する。半透明紙あるいは薬包紙に写し取った波形を整理して添付する。横軸，縦軸の数値と単位を明記する。

（3） 実験［1］について，非安定マルチバイブレータの各部の出力波形を半透明紙に写し取り，それぞれの関係について報告する。

（4） 抵抗 R_1，R_2 およびコンデンサ C_1，C_2 の値によって，出力方形波の周期 T および τ_1，τ_2 がどう変わるかを表にまとめ，式(17.1)～(17.3)から得られる理論値と比較する。

（5） 実験［2］について，単安定マルチバイブレータの入出力波形を半透明紙に写し取り，それぞれの関係について報告する。入力波形と出力波形の位相の違いを比較する。

（6） 入力方形波の周期および抵抗 R_{b2} とコンデンサ C_b の値によって出力パルス幅がどう変わるかを表にまとめ，式(15.4)から得られる理論値と比較する。

（7） 実験［3］について，双安定マルチバイブレータの入出力波形を半透明紙に写し取り，それぞれの関係について報告する。

（8） 入力方形波あるいはパルス波形の周期およびパルス幅によって出力波形がどう変わるかを表にまとめる。また，入力波形の周波数と出力波形の周波数の関係を報告する。

17.5 考　察　事　項

（1） 実験結果に関する考察を行う。

（2） 式(17.1)～(17.4)を導き，実験値が理論値に一致するかを検討する。

（3） 非安定マルチバイブレータの各部の出力波形 v_{c1}，v_{c2}，v_{b1}，v_{b2} を比較し，それぞれの関係を動作原理に基づいて考察する。また，方形波のひずみが起こる理由を考える。

（4） 実験［1］について，抵抗 R_1，R_2 およびコンデンサ C_1，C_2 の値によって，出力方形波の周期 T および τ_1，τ_2 がどう変わるかを表にまとめ，また実験値と理論値を比較検討し，その違いが生じる理由について考察する。

（5） 単安定マルチバイブレータの各部の出力波形 v_{c1}，v_{c2} と入力方形波を比較し，それぞれの関係を動作原理に基づいて考察する。また，入力波形と出力波形の位相の違いを検討する。

（6） 実験［2］について，スピードアップコンデンサ C_s の値によって出力波形がどのように変わるか考察する。

（7） 入力方形波の周期および抵抗 R_{b2} とコンデンサ C_b の値によって出力パルス幅がどう変わるか，実験値と理論値とを比較検討し，その違いが生じる理由について考察する。

（8） 双安定マルチバイブレータの各部の出力波形 v_{c1}，v_{c2} と入力方形波を比較し，それぞれの関係を動作原理に基づいて考察する。

（9） 実験［3］について，入力方形波あるいはパルス波形の周期およびパルス幅によって出力波形がどう変わるか，両者の位相および周波数の関係を比較検討する。

(10) 一般に，マルチバイブレータは生体用電気刺激装置に応用され，刺激強度，持続時間，刺激周波数のコントロールに用いられる。その理由を考える。

(11) 単安定マルチバイブレータは遅延回路や波形成形回路に使われるが，その理由を考える。

(12)　双安定マルチバイブレータは分周回路や2進計数回路に使われるが，その理由を考える。

(13)　論理回路によるマルチバイブレータ，特にフリップフロップの構成と動作原理について調べる。

17.6 注意事項

(1)　回路を構成するにあたって，トランジスタの接続とバイアス電圧をかける極性に注意する。

(2)　時間の関係または実験器具準備の都合ですべての実験ができないので，適宜テーマの選択を行う。

18　ディジタル論理回路の動作特性の測定

ディジタル IC を使い，最も基本的な NOT，AND，OR などの論理回路を構成し，その動作特性を理解する。また，これをもとに構成したフリップフロップやカウンタの動作特性を理解する。

18.1　原　　　　理

ディジタル回路はディジタル IC で構成され，2 値のオンオフ信号で動作する回路である。数種類のディジタル IC のうち，トランジスタを用いた TTL (transistor-transistor-logic) IC とダイオードを用いた DTL (diode-transistor-logic) がよく使われる。通常，2 進符号の論理演算を行う目的で利用され，論理回路とも呼ばれるが，論理和，論理積，否定を実行する OR，AND，NOT 回路と，これらを組み合わせた NOR，NAND 回路などがある。

18.1.1　OR 回路

OR 回路の動作原理を説明する最も簡単な構成は，**図 18.1** のダイオードと抵抗を用いた回路である。入力 A，B がともに 0(0 V) であるときは，2 個のダイオードはともに導通状態で，出力 C も 0 となる。A が 1（例えば 5 V）で B が 0 のとき，A 側のダイオードは導通（オン）状態で，出力 C の電圧は 5 V の 1 になる。一方，B 側のダイオードは逆バイアスがかかり非導通状態に

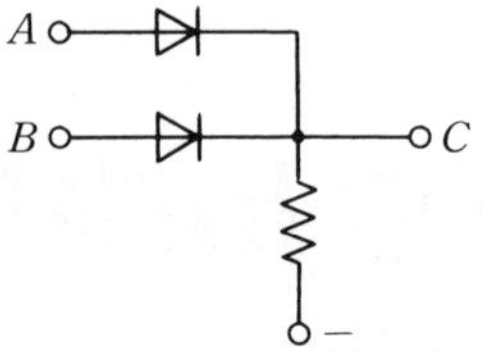

図 18.1　OR 回路

なる。B が 1 で，A が 0 の場合も同様に C は 1 となる。また，A，B ともに 1 の場合は，2 個のダイオードともに導通状態になり，C は 1 となる。すなわち，この回路は A，B の論理和を出力する。論理回路の表記法と真理値表を図 18.5 にまとめてあるので参考にしてほしい。

18.1.2　AND 回路

図 18.2 にダイオードで構成した AND 回路を示す。入力 A，B がともに 1(5 V) であるときは，2 個のダイオードはともに導通状態になり，出力 C が 1 となる。A が 0 であるときには，A 側のダイオードが導通状態になり出力 C は 0 となる。B が 0 である場合も同様である。また，A，B ともに 0 の場合は，2 個のダイオードともに導通状態になり，C は 0 となる。この回路は A，B の論理積を出力する。

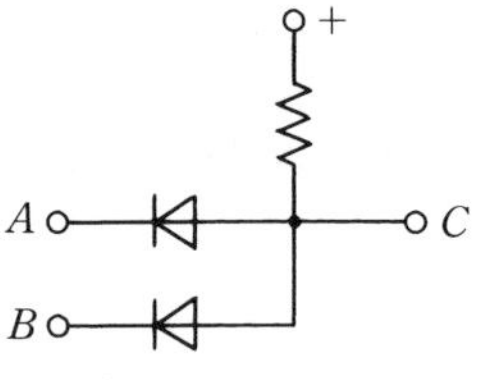

図 18.2　AND 回路

18.1.3　NOT 回路

図 18.3 は 1 個のトランジスタと 2 個の抵抗を用いた最も簡単な NOT 回路である。入力 A が 1 のときにはトランジスタはオン状態となり，コレクタ-ベース間電圧は 0 V すなわち出力 B は 0 となる。A が 0 のときにはトランジスタはオフ状態となり，B は 1 となる。この回路は入力の否定を出力する。

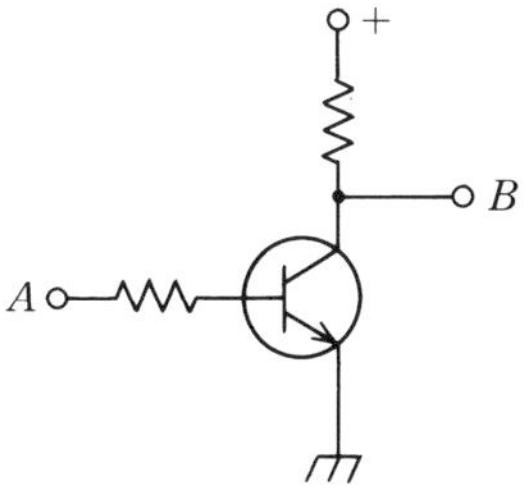

図 18.3　NOT 回路

18.1.4　NOR 回路

NOR 回路は OR　NOT すなわち論理和の否定を演算する回路であり，**図 18.4** に示すダイオードとトランジスタで構成される。回路動作は上記の OR 回路の出力を NOT 回路で否定するもので，**図 18.5** に示す真理値表の関係がある。

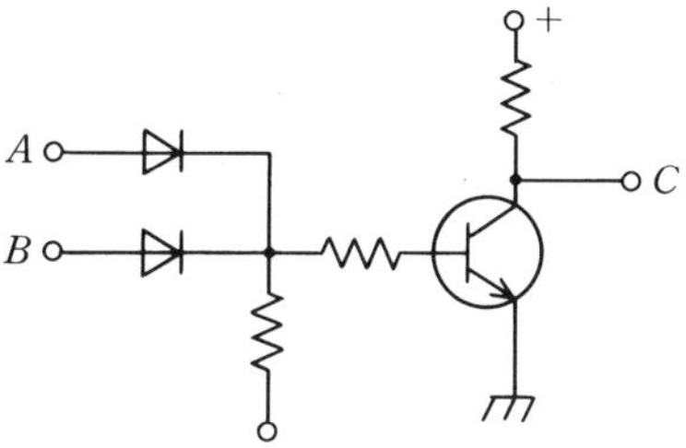

図 18.4　NOR 回路

A	B	C
0	0	0
0	1	1
1	0	1
1	1	1

A	B	C
0	0	0
0	1	0
1	0	0
1	1	1

A	B
0	1
1	0

A	B	C
0	0	1
0	1	0
1	0	0
1	1	0

A	B	C
0	0	1
0	1	1
1	0	1
1	1	0

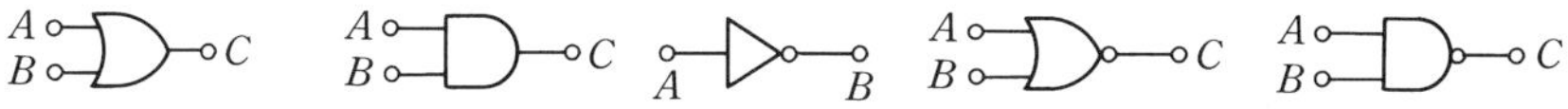

（a）OR　（b）AND　（c）NOT　（d）NOR　（e）NAND

図 18.5　論理回路の真理値表と表記法

18.1.5　NAND 回路

NAND 回路は AND NOT すなわち論理積の否定を演算する回路であり，**図 18.6** に示すダイオードとトランジスタで構成される。回路動作は NOR 回路と同様な順序でなされる。表記法中の○印は NOT を表すものである。

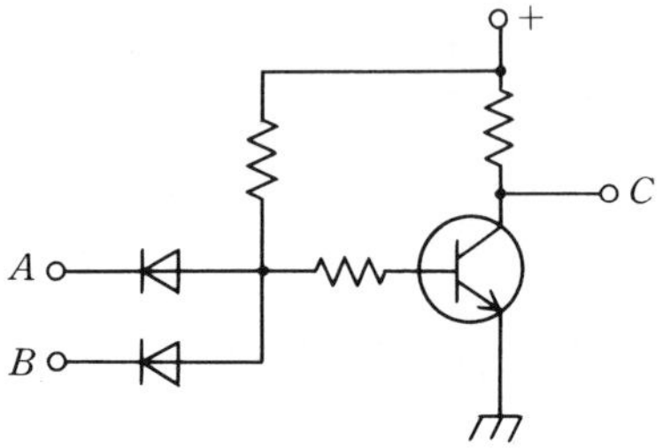

図 18.6　NAND 回路

18.1.6　RS フリップフロップと JK フリップフロップ

図 18.7 は NAND 回路を用いた RS フリップフロップを示したもので，二つの NAND 回路の一方の出力を他方の入力に戻す回路構成になっている。RS は reset-set を意味しており，セット入力 S とリセット入力 R を持ち，Q は出力を，$\bar{Q}$ は出力の否定を表す。$t=0$ において S，R ともに 1 で，Q が 0 であるものとする。t_1 後に S にオフパルスが入力され $S=0$ になったとすると，$Q=1$ となり，$\bar{Q}$ は 0 になる。t_2 後に R にリセット用のオフパルスが加わり $R=1$ になると，今度は $Q=0$，$\bar{Q}=1$ となり，元の状態に戻る。なにも入力が加わらない間は，前の状態を保っているので記憶と呼ばれる。しかし，

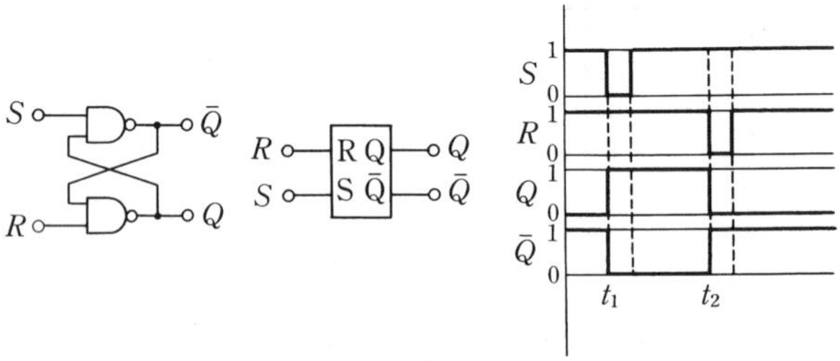

S	R	Q
0	0	不定
0	1	1
1	0	0
1	1	記憶

（a）　回路構成　　（b）　表記法　　（c）　タイミングチャート　　（d）　真理値表

図 18.7　RS フリップフロップ

S，R ともに 0 の場合，回路はフリップフロップとして動作しなくなるので不定状態となる。

一方，**図 18.8** の JK フリップフロップは，入力 J，K とクロック（C）パルスによって図(c) の真理値表に示すように 4 種類の動作をする。$t=0$ において J，K ともに 0 のとき，出力 Q は変化せず前の状態 0 を記憶する。

図からわかるように，クロックパルスのタイミングにより，$J=1$ で $K=0$ のときは $Q=1$，これとは逆に $J=0$ で $K=1$ のときは $Q=0$ となる。J，K とも 1 のときは JK フリップフロップでは出力 Q が前の状態と反転する。すなわち Q が 0 であれば 1 に，1 であれば 0 になる。

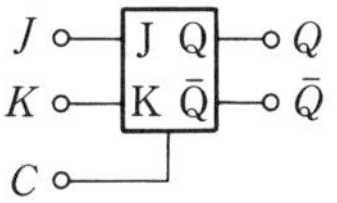

（a） 表記法

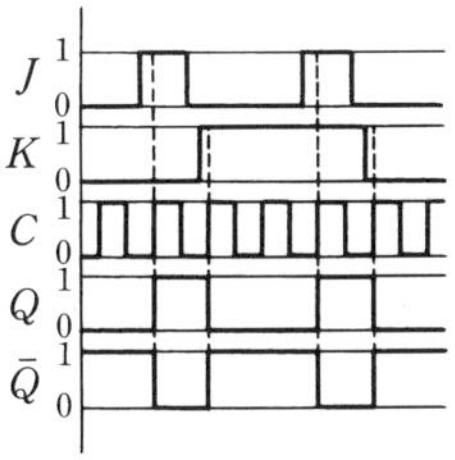

（b） タイミングチャート

J	K	Q
0	0	記憶
0	1	0
1	0	1
1	1	反転

（c） 真理値表

図 18.8　JK フリップフロップ

18.1.7　カウンタ（計数回路）

カウンタ（計数回路）は所定のパルスの数を数えて出力信号を出すものであり，温度や電圧などの物理量をディジタル表示したりするのに使われる。**図 18.9** は JK フリップフロップ（FF）を 2 個接続した 2 ビット・4 進カウンタであり，タイミングチャートに示すような動作をする。

FF_1 の J，K 端子が 1 の状態であるとして，クロック（C）端子に周期的なパルス信号が入力されると，FF_1 の出力 Q_1 は 2 個のクロックパルス分だけ計数してつぎのオン状態となり，FF_2 の出力 Q_2 は 4 個のクロックパルスを計数してつぎのオン状態となる。すなわち，オンとオンの間にいくつのパルスがカウントされたかを判別することができる。

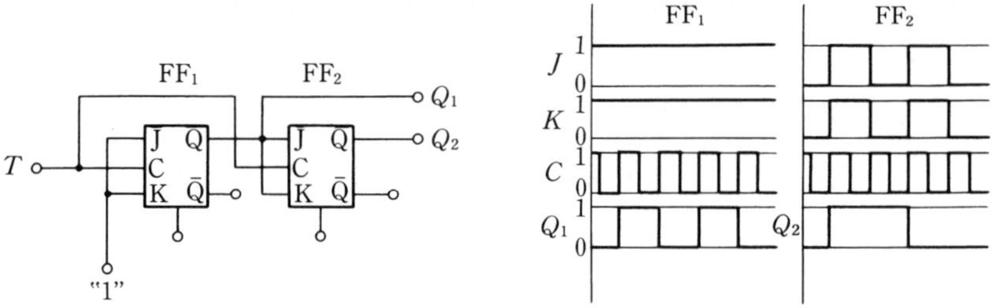

（a） 回路構成　　　（b） タイミングチャート

図 18.9 JK フリップフロップを用いた 4 進カウンタ

18.2 実験方法

実験［1］ OR 回路の動作特性の測定

図 18.10 のように OR 回路の IC(74 LS 32) をブレッドボード上に配線し，*A*，*B* の入力を 1 あるいは 0 に選択し，真理値表に対応した出力（*H*，*L*）を LED の点灯で判定するとともに出力波形をオシロスコープで観測記録する。なお，1(*H*) のときの電圧は 5 V，0(*L*) のときの電圧は 0 V とする。

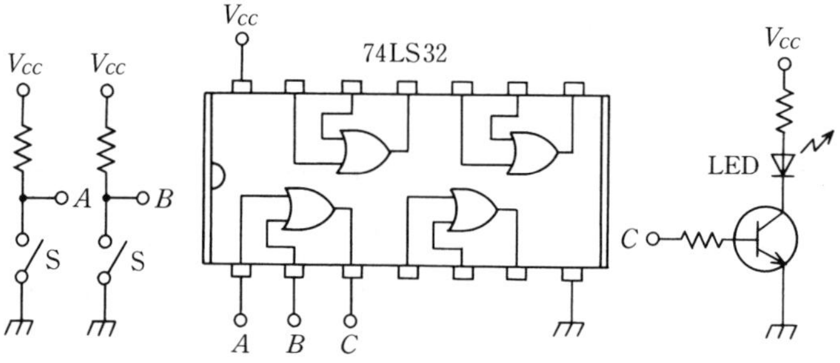

図 18.10 OR 回路動作特性の測定

実験［2］ AND 回路の動作特性の測定

図 18.11 のように AND 回路の IC(74 LS 08) をブレッドボード上に配線し，*A*，*B* の入力を 1 あるいは 0 に選択し，真理値表に対応した出力（*H*，*L*）を LED の点灯で判定するとともに出力波形をオシロスコープで観測記録する。0，1 に対応する電圧は実験［1］と同じ値とする。

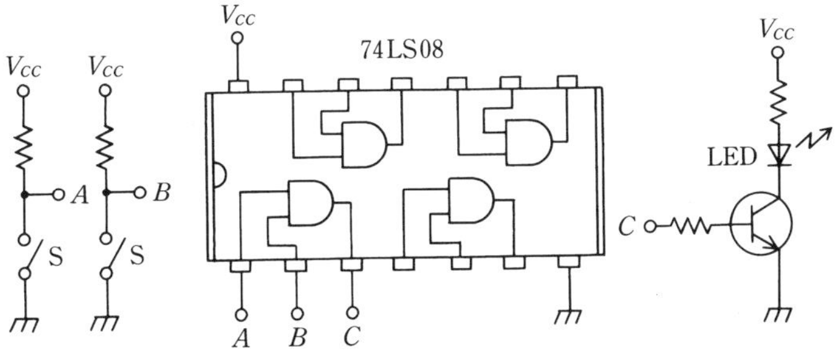

図 18.11　AND 回路動作特性の測定

実験［3］　NOT 回路の動作特性の測定

図 18.12 のように NOT 回路の IC(74 LS 04) をブレッドボード上に配線し，A，B の入力を1あるいは0に選択し，真理値表に対応した出力（H，L）を LED の点灯で判定するとともに出力波形をオシロスコープで観測記録する。0，1に対応する電圧は実験［1］と同じ値とする。

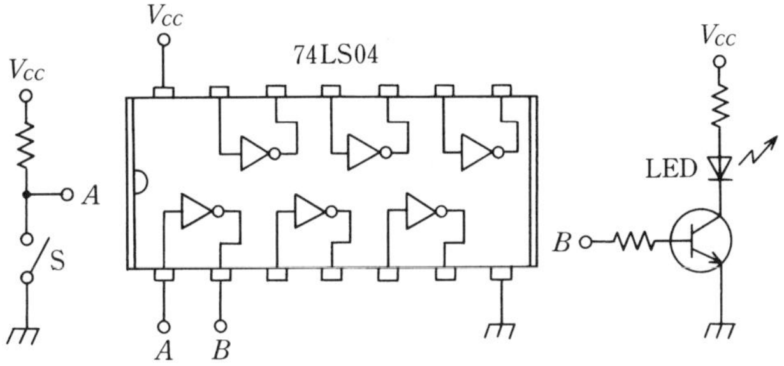

図 18.12　NOT 回路動作特性の測定

実験［4］　NOR 回路の動作特性の測定

図 18.13 のように NOR 回路の IC(74 LS 02) をブレッドボード上に配線し，A，B の入力を1あるいは0に選択し，真理値表に対応した出力（H，L）を LED の点灯で判定するとともに出力波形をオシロスコープで観測記録する。0，1に対応する電圧は実験［1］と同じ値とする。

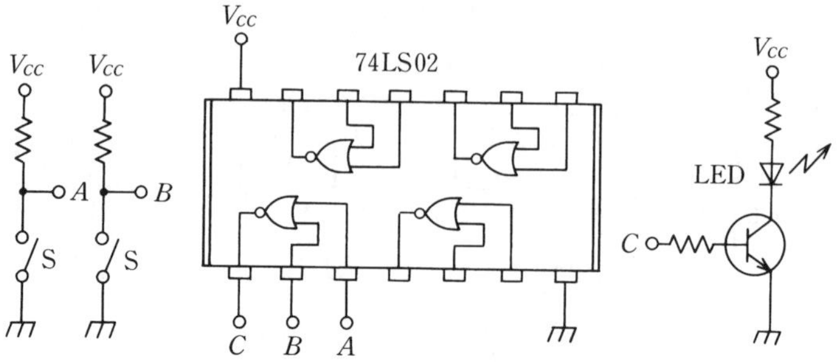

図 18.13　NOR 回路動作特性の測定

実験［5］　NAND 回路の動作特性の測定

図 18.14 のように NAND 回路の IC(74 LS 00) をブレッドボード上に配線し，A，B の入力を 1 あるいは 0 に選択し，真理値表に対応した出力（H，L）を LED の点灯で判定するとともに出力波形をオシロスコープで観測記録する。0，1 に対応する電圧は実験［1］と同じ値とする。

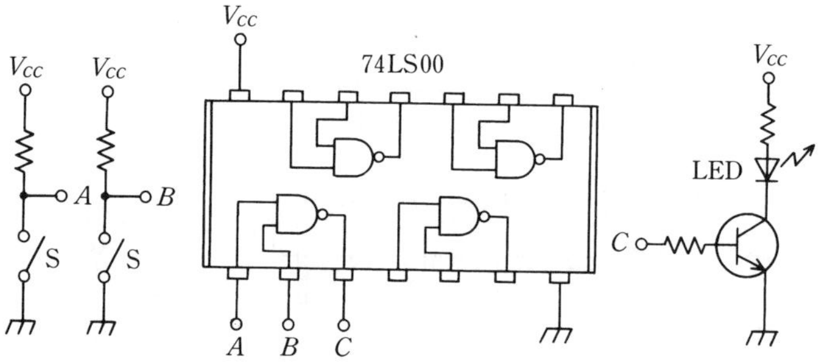

図 18.14　NAND 回路動作特性の測定

実験［6］　フリップフロップの動作特性の測定

NAND 回路を用いてブレッドボード上に図 18.7 の RS フリップフロップを構成し，R，S 入力を経時的に 0 あるいは 1 に変えて出力 Q，$\overline{Q}$ を測定する。このときの入出力波形をオシロスコープで観測記録する。また，図 18.8 の JK フリップフロップについても同様の実験を行い，入力 J および K，クロックパルス，出力 Q および $\overline{Q}$ のタイミングチャートの関係を観測記録する。クロックパルスの周波数を変えて，同様な実験を行う。

実験［7］ カウンタの動作特性の測定

JK フリップフロップを用いて図 18.9 のカウンタをブレッドボード上で構成し，FF_1 の J，K 端子が 1 の状態であるようにして一定周波数のクロックパルスを入力に加え，FF_1 および FF_2 の出力波形を観測記録する。各部の波形がタイミングチャートのように動作しているかを確認する。

18.3 実験装置・使用器具

（1） 直流定電圧電源

（2） 2 現象オシロスコープ

（3） ファンクションジェネレータ

（4） ブレッドボード，リード線

（5） ディジタル IC

（6） 抵抗，LED

18.4 報　告　事　項

（1） 目的，原理および実験方法（日時，室温，使用器具名，配線図等）を明記する。

（2） 実験結果を図表にして報告書に挿入する。半透明紙あるいは薬包紙に写し取った波形を整理して添付する。横軸，縦軸の数値と単位を明記する。

（3） 実験［1］～［5］について，OR，AND，NOT，NOR，NAND の各回路の入出力波形を半透明紙に写し取り，それぞれについて真理値表を作るとともに LED の点灯を確認し，回路の動作特性について報告する。

（4） 実験［6］の RS フリップフロップおよび JK フリップフロップの各部の波形を半透明紙に写し取り，タイミングチャートを完成させ，各波形の相互関係と動作特性について報告する。クロックパルスの周波数を変えたときの特性についても同様に報告する。

（5） 実験［7］について，カウンタの入力クロックパルスと FF_1，FF_2 の出力波形を半透明紙に写し取り，タイミングチャートを完成させ，各波形の相互関係と動作特性について報告する。

18.5 考察事項

（1） 実験結果に関する考察を行う。

（2） 実験［1］〜［5］で行ったOR，AND，NOT，NOR，NANDの各回路の動作特性について考察し，実験値と理論値を比較検討する。

（3） RSフリップフロップとJKフリップフロップの動作特性について考察するとともに，それぞれの違いを比較する。また，実験値と理論値を比較検討する。

（4） 実験［7］のカウンタの各部の波形の関係を比較検討するとともに動作特性について考察する。また，カウンタの役割について検討する。

（5） ディジタルICの種類を調べ，特にTTLとDTLの違いと特長について考察する。また，各種論理回路の用途について調べる。

（6） 排他的OR回路（排他的論理和，exclusive OR），排他的NOR回路（exclusive NOR）とはどういうものか，その動作機能について考察する。

（7） フリップフロップの種類について調べ，それぞれの違いと特長について考察する。

（8） 2^n進カウンタを作るにはどのような回路が考えられるかを考察する。例えば，4ビット8進カウンタ。

（9） 論理代数の演算法とド・モルガンの定理について調べる。

18.6 注意事項

（1） 本実験で使用するディジタルICは5Vの駆動電圧で動作するので，電源を入れる前に電源電圧の調整をしておく。

（2） 回路を配線する際に，使用するICのピン番号を間違えないようにする。また，電源を入れる前に必ず誤配線がないかどうかを確認する。

（3） 時間の関係または実験器具準備の都合ですべての実験ができないので，適宜テーマの選択を行う。

付　　　　録

付表 1　固有の名称を持つ SI 組立単位

量	単位の名称	記　号	SI 基本単位による表現	他の SI 単位による表現
周波数	ヘルツ	Hz	s^{-1}	
電圧・電位・起電力	ボルト	V	$m^2 \cdot kg \cdot s^{-3}$	$W \cdot A^{-1}$
静電容量	ファラド	F	$m^{-2} \cdot kg^{-1} \cdot s^4 \cdot A^2$	$C \cdot V^{-1}$
電気抵抗	オーム	Ω	$m^2 \cdot kg \cdot s^{-3} \cdot A^{-2}$	$V \cdot A^{-1}$
コンダクタンス	ジーメンス	S	$m^{-2} \cdot kg^{-1} \cdot s^3 \cdot A^2$	$A \cdot V^{-1}$
磁　束	ウェーバ	Wb	$m^2 \cdot kg \cdot s^{-2} \cdot A^{-1}$	$V \cdot s$
磁束密度	テスラ	T	$kg \cdot s^{-2} \cdot A^{-1}$	$Wb \cdot m^{-2}$
インダクタンス	ヘンリー	H	$m^2 \cdot kg \cdot s^{-2} \cdot A^{-2}$	$Wb \cdot A^{-1}$
エネルギー・仕事・熱量	ジュール	J	$m^2 \cdot kg \cdot s^{-2}$	$N \cdot m$
電力・仕事工率	ワット	W	$m^2 \cdot kg \cdot s^{-3}$	$J \cdot s^{-1}$
力	ニュートン	N	$m \cdot kg \cdot s^{-2}$	
圧力・応力	パスカル	Pa	$m^{-1} \cdot kg \cdot s^{-2}$	$N \cdot m^{-2}$
セルシウス温度	セルシウス度	℃	K	
光　束	ルーメン	lm	$cd \cdot sr$	
照　度	ルクス	lx	$m^{-2} \cdot cd \cdot sr$	$lm \cdot m^{-2}$
放射能	ベクレル	Bq	s^{-1}	
吸収線量	グレイ	Gy	$m^2 \cdot s^{-2}$	$J \cdot kg^{-1}$
線量当量	シーベルト	Sv	$m^2 \cdot s^{-2}$	$J \cdot kg^{-1}$

付表 2　固有の名称を持たない SI 組立単位

量	単位の名称	記　号
面　積	平方メートル	m^2
体　積	立方メートル	m^3
電流密度	アンペア毎平方メートル	$A \cdot m^{-2}$
電界の強さ	ボルト毎メートル	$V \cdot m^{-1}$
磁界の強さ	アンペア毎メートル	$A \cdot m^{-1}$
誘電率	ファラド毎メートル	$F \cdot m^{-1}$
透磁率	ヘンリー毎メートル	$H \cdot m^{-1}$
速　さ	メートル毎秒	$m \cdot s^{-1}$
加速度	メートル毎秒毎秒	$m \cdot s^{-2}$
波　数	毎メートル	m^{-1}
密　度	キログラム毎立方メートル	$kg \cdot m^{-3}$
輝　度	カンデラ毎平方メートル	$cd \cdot m^{-2}$
粘　度	パスカル秒	$Pa \cdot s$
力のモーメント	ニュートンメートル	$N \cdot m$
熱容量・エントロピー	ジュール毎ケルビン	$J \cdot K^{-1}$

参　考　文　献

1)　金井　寛，中山　淑，星宮　望，後藤幸弘：医用電気工学（臨床工学シリーズ），コロナ社（1991）

2)　松尾正之，根本　幾，南谷晴之，内山明彦：医用電子工学（臨床工学シリーズ），コロナ社（1991）

3)　奥田　豊：臨床工学技士のための電気・電子工学実験，コロナ社（1991）

4)　斎藤正男 監修，有賀正浩，加藤修一，関谷富男：電気・電子計測技術入門，東海大学出版会（1989）

5)　山口次郎，前田憲一，平井平八郎：大学課程電気電子計測，オーム社（1994）

6)　南谷晴之，山下久直：よくわかる電気電子計測，オーム社（1996）

7)　菅野　允：基礎電気電子計測，コロナ社（1985）

8)　近藤　浩：電気計測，森北出版（1997）

9)　安孫子健一：わかる電子計測技術，CQ 出版社（1994）

10)　西村昭義：ディジタルテスタとその応用，CQ 出版社（1989）

11)　堀川宗之：医・生物学系のための電気・電子回路，コロナ社（1997）

12)　森　真作：電気回路ノート，コロナ社（1990）

13)　森　真作，南谷晴之：電気回路演習ノート，コロナ社（1995）

14)　赤羽　進，岩崎臣男，川戸順一，牧　康之：電子回路(1)―アナログ編―(専修学校教科書シリーズ)，コロナ社（1992）

15)　杉本泰博：よくわかるアナログ電子回路，オーム社（1995）

16)　関根慶太郎：よくわかるディジタル電子回路，オーム社（1996）

17)　大石和男：実験で学ぶディジタル回路，コロナ社（1997）

18)　加藤厚生：ディジタル回路の基礎，コロナ社（1997）

19)　山田十一，永井真茂，小林祥男，多田泰芳：電気・電子工学実験(1)―基礎編―(新編電気工学講座)，コロナ社（1977）

20)　中園　彪，渡辺信雄：電気・電子工学実験(3)―電子・情報工学編―(新編電気工学講座)，コロナ社（1976）

21)　南谷晴之，松本佳宣：詳しく学ぶ電気回路―基礎と演習―，コロナ社（2005）

索　　　　　引

―― 著者略歴 ――

1966 年　慶應義塾大学工学部電気工学科卒業
1971 年　慶應義塾大学大学院博士課程修了（電気工学専攻）
1973 年　工学博士（慶應義塾大学）
1983 年　慶應義塾大学助教授
1988 年　慶應義塾大学教授
2009 年　慶應義塾大学名誉教授
千歳科学技術大学特任教授
2014 年　千歳科学技術大学退職

電気・電子工学実習

Experimental Practices on Electrical and Electronic Engineering

2001 年 6 月11日　初版第 1 刷発行
2022 年 9 月15日　初版第 7 刷発行

検印省略

著　者　南（みなみ）　谷（たに）　晴（はる）　之（ゆき）
発 行 者　株式会社　コロナ社
代 表 者　牛来真也
印 刷 所　新日本印刷株式会社
製 本 所　有限会社　愛千製本所

112-0011　東京都文京区千石 4-46-10
発 行 所　株式会社　**コ ロ ナ 社**
CORONA PUBLISHING CO., LTD.
Tokyo Japan
振替 00140-8-14844・電話(03)3941-3131(代)
ホームページ　https://www.coronasha.co.jp

ISBN 978-4-339-07120-7　C3347　Printed in Japan

電気・電子系教科書シリーズ

（各巻A5判）

■編集委員長　高橋　寛
■幹　　　事　湯田幸八
■編 集 委 員　江間　敏・竹下鉄夫・多田泰芳
　　　　　　　中澤達夫・西山明彦

配本順		書名	著者	頁	本体
1.	(16回)	電気基礎	柴田尚志・皆藤新一 共著	252	3000円
2.	(14回)	電磁気学	多田泰芳・柴田尚志 共著	304	3600円
3.	(21回)	電気回路Ⅰ	柴田尚志 著	248	3000円
4.	(3回)	電気回路Ⅱ	遠藤勲・鈴木靖 共著	208	2600円
5.	(29回)	電気・電子計測工学（改訂版）—新SI対応—	吉澤昌純 編著／降矢典雄・福田恵子・吉村拓巳・髙﨑和之・西山明彦 共著	222	2800円
6.	(8回)	制御工学	下西二郎・奥平鎮正 共著	216	2600円
7.	(18回)	ディジタル制御	青木立・西堀俊幸 共著	202	2500円
8.	(25回)	ロボット工学	白水俊次 著	240	3000円
9.	(1回)	電子工学基礎	中澤達夫・藤原勝幸 共著	174	2200円
10.	(6回)	半導体工学	渡辺英夫 著	160	2000円
11.	(15回)	電気・電子材料	中澤・藤原・押田・服部・森山 共著	208	2500円
12.	(13回)	電子回路	須田健二・土田英一 共著	238	2800円
13.	(2回)	ディジタル回路	伊原充博・若海弘夫・吉澤昌純 共著	240	2800円
14.	(11回)	情報リテラシー入門	室賀進也・山下巖 共著	176	2200円
15.	(19回)	C++プログラミング入門	湯田幸八 著	256	2800円
16.	(22回)	マイクロコンピュータ制御プログラミング入門	柚賀正光・千代谷慶 共著	244	3000円
17.	(17回)	計算機システム（改訂版）	春日健・舘泉雄治 共著	240	2800円
18.	(10回)	アルゴリズムとデータ構造	湯田幸八・伊原充博 共著	252	3000円
19.	(7回)	電気機器工学	前田勉・新谷邦弘 共著	222	2700円
20.	(31回)	パワーエレクトロニクス（改訂版）	江間敏・高橋勲 共著	232	2600円
21.	(28回)	電力工学（改訂版）	江間敏・甲斐隆章 共著	296	3000円
22.	(30回)	情報理論（改訂版）	三木成彦・吉川英機 共著	214	2600円
23.	(26回)	通信工学	竹下鉄夫・吉川英機 共著	198	2500円
24.	(24回)	電波工学	松田豊稔・宮田克正・南部幸久 共著	238	2800円
25.	(23回)	情報通信システム（改訂版）	岡田正・桑原裕史 共著	206	2500円
26.	(20回)	高電圧工学	植月唯夫・松原孝史・箕田充志 共著	216	2800円

定価は本体価格+税です。
定価は変更されることがありますのでご了承下さい。

図書目録進呈◆

ME教科書シリーズ

（各巻B5判，欠番は品切または未発行です）

■日本生体医工学会編
■編纂委員長　佐藤俊輔
■編纂委員　稲田　紘・金井　寛・神谷　瞭・北畠　顕・楠岡英雄
戸川達男・鳥脇純一郎・野瀬善明・半田康延

	配本順			頁	本体
A-1	（2回）	生体用センサと計測装置	山越・戸川共著	256	4000円
B-1	（3回）	心臓力学とエナジェティクス	菅・高木・後藤・砂川編著	216	3500円
B-2	（4回）	呼吸と代謝	小野功一著	134	2300円
B-4	（11回）	身体運動のバイオメカニクス	石田・廣川・宮崎 阿江・林　共著	218	3400円
B-5	（12回）	心不全のバイオメカニクス	北畠・堀編著	184	2900円
B-6	（13回）	生体細胞・組織のリモデリングの バイオメカニクス	林・安達・宮崎共著	210	3500円
B-7	（14回）	血液のレオロジーと血流	菅原・前田共著	150	2500円
B-8	（20回）	循環系のバイオメカニクス	神谷瞭編著	204	3500円
C-3	（18回）	生体リズムとゆらぎ —モデルが明らかにするもの—	中尾・山本共著	180	3000円
D-1	（6回）	核医学イメージング	楠岡・西村監修 藤林・田口・天野共著	182	2800円
D-2	（8回）	X線イメージング	飯沼・舘野編著	244	3800円
D-3	（9回）	超音波	千原國宏著	174	2700円
D-4	（19回）	画像情報処理（Ⅰ） —解析・認識編—	鳥脇純一郎編著 長谷川・清水・平野共著	150	2600円
D-5	（22回）	画像情報処理（Ⅱ） —表示・グラフィックス編—	鳥脇純一郎編著 平野・森共著	160	3000円
E-1	（1回）	バイオマテリアル	中林・石原・岩崎共著	192	2900円
E-3	（15回）	人工臓器（Ⅱ） —代謝系人工臓器—	酒井清孝編著	200	3200円
F-2	（21回）	臨床工学(CE)と ME機器・システムの安全	渡辺敏編著	240	3900円

定価は本体価格+税です。
定価は変更されることがありますのでご了承下さい。

図書目録進呈◆

臨床工学シリーズ

（各巻A5判，欠番は品切または未発行です）

■監　　　　修　日本生体医工学会
■編集委員代表　金井　寛
■編 集 委 員　伊藤寛志・太田和夫・小野哲章・斎藤正男・都築正和

配本順	書名	著者	頁	本体
1.（10回）	医学概論（改訂版）	江部　充他著	220	2800円
5.（1回）	応用数学	西村千秋著	238	2700円
6.（14回）	医用工学概論	嶋津秀昭他著	240	3000円
7.（6回）	情報工学	鈴木良次他著	268	3200円
8.（2回）	医用電気工学	金井　寛他著	254	2800円
9.（11回）	改訂 医用電子工学	松尾正之他著	288	3300円
11.（13回）	医用機械工学	馬渕清資著	152	2200円
12.（12回）	医用材料工学	堀内　孝・村林　俊共著	192	2500円
13.（15回）	生体計測学	金井　寛他著	268	3500円
20.（9回）	電気・電子工学実習	南谷晴之著	180	2400円

ヘルスプロフェッショナルのための テクニカルサポートシリーズ

（各巻B5判，欠番は未発行です）

■編集委員長　星宮　望
■編 集 委 員　髙橋　誠・徳永恵子

配本順	書名	著者	頁	本体
3.（3回）	在宅療養のQOLとサポートシステム	徳永恵子編著	164	2600円
4.（1回）	医用機器 I	田村俊世・山越憲一・村上　肇共著	176	2700円
5.（2回）	医用機器 II	山形　仁編著	176	2700円

定価は本体価格+税です。
定価は変更されることがありますのでご了承下さい。

図書目録進呈◆